本書は、小社刊『塩の日本史』第二版を底本とし、
雄山閣アーカイブスとして編集したものです。

（編集部）

【刊行履歴】
初　版
雄山閣ブックス25『塩の日本史』　一九九〇年刊
第　二　版
雄山閣ブックス25『塩の日本史』　一九九七年刊

はしがき

赤穂塩業資料館に関係していた二〇年ほどの間に、各方面の多くの方々から塩に関する御質問や御相談を頂戴した。

小学生の夏休みの自由研究から大学の卒業論文、製塩関係遺跡発掘現場や各地の博物館や資料館あるいは塩関連企業などから、製塩の設備や用具、製塩技法、塩業語彙、塩業経営や塩の流通、塩価や消費の実態など、さらには観光客からの予期せぬ質問などである。

その都度一応のお答えはしたものの、話し忘れたこと、推定で勘弁していただいたこと、全く不勉強で解らず、あとで手紙や電話で返答申し上げたことも多くあり、ふりかえると汗顔のいたりである。

いまそれらの質問を整理してみると、その数は一〇〇問以上となる。これを日本塩業発展の理解に必要と思われるものにしぼり、時代別に並べて、その解答という形でまとめたものが本書である。もちろん専門以外のところは先学の研究の要約ということになった。また、なるべく読み物風に平易にと心掛けたが、難解な文章となった項もできた。観光客からのヒヤカシ的質問に対しては「塩談」として適所に挿入した。

したがって、これは学術書ではない。教養ないし話の種として読んでいただきたい。しいて欲をいえば、若い学生諸君に塩業史に興味をもってもらい、その研究の呼び水としていただければ幸のいたりと考えている。

本書の殆んどは『日本塩業大系』全一七巻と『日本塩業の研究』全一九集によってなったものである。日本塩業研究会の会員諸氏、タバコ産業株式会社・タバコと塩の博物館の諸氏に厚く御礼申上げるものである。なお出版に当っての雄山閣出版の諸氏の御好意に対し感謝申上げる次第である。

もくじ

目次

古代

中世

近世

藻塩―製塩に海藻をどう使ったか

「藻塩焼く」という言葉が、塩田法成立以前の塩生産法として曖昧に使われているが、具体的にはどのような方法をいうのであろうか。藻塩焼く方法があったらしいことを示す最も古い記録は『常陸国風土記』の、

郡の西に津済あり。謂はゆる行方の海なり。海松及塩を焼く藻生ふ。……板来の村あり。近く海浜に臨みて駅家を安置けり。……其の海に、塩を焼く藻・海松・白貝・辛螺・蛤、多に生へり。（行方郡条）

という記述である。新しい記録では『大日本塩業全書』の、

松川村製塩業ハ元和元年……当時食塩ハ僅カニ海藻ヲ焼キ採集スルノミナリシ……（中村〈福島県相馬〉出張所部）

という報告がみられる。しかしいずれも具体的方法にはふれていない。

藻塩法についての過去の諸解説から推定される方法を分類すると、

(1)乾燥藻を焼き、その灰を海水に入れ或いは海水を注ぎ鹹水をえて、これを煮つめる。
(2)乾燥藻を焼き、その灰を海水で固め、灰塩を作る。
(3)乾燥藻を積み重ね、上から海水を注ぎ鹹水をえて、これを煮つめる。
(4)乾燥藻を海水槽に浸して塩分を溶出させ鹹水を作り、これを煮つめる。
(5)莎藻を焼き、これに海水をかけ垂れしめて鹹水をえ、これを煮つめる。
(6)「もしほ」とは「ましほ」のことであり藻とは関係なく、もしほ草とは鹹砂をいい、塩尻法によって鹹

名　　称	計量単位	形　　態（推　　定）
石《いし》　塩《しお》 戎《えびす》　塩《しお》	斤《キン》《はかり》	岩塩あるいは天然結晶塩(舶載のものヵ)。　これをさらに色彩によって分類した名称もある
堅《かた》　塩《しお》 (片《きた》　塩《し》) 黒《くろ》　塩《しお》	果《カ》・顆《カ》・裹《カ》・連《レン》	固型の焼塩、煙によって紫黒色となる （ただし、延喜大膳式の条には「石塩十顆」ともある）
舂《つき》　塩《しお》 擣《つき》　塩《しお》 (択　塩) 破《わり》　塩《しお》	斛《コク》・斗《ト》・升《ショウ》・ 合《ゴウ》・勺《シャク》・撮《サツ》 籠《コ》・尻《シリ》	堅塩を木臼などで粉砕したもの （ただし、延喜内膳式の年料の条に木臼――塩を舂、箕――択塩を簸《とお》すとある）
熬《いり》　塩《しお》 煎《いり》　塩《しお》 白《あわ》　塩《しお》	同　上	細粒状の焼塩 （ただし、和名類聚抄には「石塩一名白塩」とある）
生《きじ》　塩《しお》 (木《き》　塩《じお》)	同　上	煮つめて得た結晶塩。荒塩
鹹《から(い)》　塩《しお》 (辛　塩)		濃縮海水(液状の塩ヵ)
藻《も》　塩《しお》		潮《うしお》に対していう真塩《ましお》の文学的表現ヵ
塩		名種の塩の総称

古代史料の塩の名称と計量単位

水をえ、これを煮つめる。

以上のようになる。次に諸説を検討してみよう。

(1)の方法は手数の割に効果の少ない方法と思われるが、『塩釜由来記』に「奥津彦の老翁・老女は七つの竈を造り、荒塩の老翁、多礼塩の老女は灰塩を七つの壺に入れ、佐田彦・和賀佐彦・於多美彦・藻彦・多利水彦・小塩彦・八塩彦の七神が、七壺の多利水を七竈に、七つの塩桶を以て汲み入れ、十四神の老翁・老女は熾に火を焚」いたとあるところをみると、藻刈→乾燥→灰塩→溶出→鹹水→煎熬《せんごう》という工程が存在したことが推定され、『風土記』の記述とあわせて、限られた地域に特殊な製塩法として存在したように思われる。

(2)の方法は、海藻灰を海水で固め灰と共に塩分を摂取するという採鹹工程のない製塩法である。本多勝一は『極限の民族』で、ニューギニアのコボマが塩泉を草束にしみこませて焼き、その塩を含んだ灰を固めた灰塩を使用していることを報告している。日本でも海藻をこのような方法で利用して灰塩を作った場合があったかもしれないし、猪苗代湖周辺の塩泉を利用して同様なことが行なわれたかもしれないから、むげに否定はできない。案外黒塩の原型がこういうところに求められるかもしれない。

(3)の方法を推定する説は古来最も多い。僧顕昭『拾遺抄注』、『播州名所巡覧図絵』の記述がそれであり、現在では近藤義郎・渡辺則文・大槻文彦・山岸徳平・小島吉雄・風巻景次郎・後藤丹治・岡見正雄などがこの方法を推定している。

(4)の方法は小島吉雄の解釈がそれをいっているようにも思われるが的確でない。しかし宮本常一の日本海岸の揚浜の調査報告によると、鹹砂を桶に入れ海水を注ぎ砂の塩分を溶解させて、上水を鹹水として汲み取る方法が行なわれていた例があるため、(3)の方法と併せて存在したと思われる。

(5)は海藻でなく陸地植物を焼き海水に溶出する方法で、これを説くのは『君葉の塵』と『大和本草』である。これらによると海浜の莎《はますげ》に似た藻塩という草即ち莎藻を干して焼き、漏藍に盛り海水を注ぎ、その水を煮つめると即時に塩ができるとある。この方法もニューギニアにみられる。岡本明郎の報告によると、山地人は川岸の「塩の草」を刈り集め、むし焼きのようにして灰を取り、底に穴をあけた容器に入れ、水を注ぎ、下に滴下する水を青竹半截の容器にとり、これを火にかけて煮つめて塩をえるという。

(6)は関岡野洲良が『回国雑記標注』に述べた説で、吉田東伍もこの説を支持している。

次にこのような藻塩方法が行なわれた時期を推定してみよう。『万葉集』にそれを推測できるものを探してみると「藻塩焼く」と歌ったものは淡路の一例のみで、「塩焼く」「焼く塩」という表現は一〇例あげられる。どうも「藻塩焼く」時代は『風土記』や『万葉』の時代よりもずっと以前のことであったように思われる。考古学による実証を期待したい。

堅塩―はたして貧者の塩であったのか

「堅塩」は果して貧者の塩であったのであろうか。古代の諸記録には塩の名称とその計量単位が次頁の表のようにあらわれる。

『和名抄』には「石塩一名白塩・白塩一名方石塩」とあるから、これらは比較的大きな結晶塩―上質の岩塩と考えられ、戎塩《えびす》は「一名胡塩・白塩・食塩・黒塩・柔塩・赤塩・駮塩・臭塩・馬歯塩」(『本草和名』)の九種を指すようで、これらは恐らく中国辺境の岩塩を主とした塩種であったと思われ、石塩と共に船載されたものであったろう。従って表の堅塩以下のものが国内産の塩であったこととなる。

堅塩・岐多之・片塩・黒塩は固型の焼塩であったようで、『正倉院文書』『続紀』『延喜式』などでは、これを「顆(果)」「裹」という単位で数えている。音はいずれもクワであり、いまの一コ二コという数え方で、当時は砥石もこれで数えている。従ってこれは鹹水を煮つめて得た粒状の結晶塩即ち生塩・荒塩を、土器や螺・鰒の貝殻に入れて焼き固めたものと思われる。また、これを調理などに使う場合は、木臼と杵によって擣き粉砕して用いたわけで、これが春塩・搗(擣)塩・破塩と表現されたのであろう。またこのような焼塩は当時の技法では極めて汚れた色相に固まる。現在でも伊勢神宮では古式に則って浄め祓いの塩として堅塩の焼成を行なっているが、焼きあがった塩は三角錐型の土器の形に固まって堅く、その色は煙のために中まで紫黒色となっている。全く黒塩と呼ぶにふさわしいものであり、黒塩というのも堅塩と同一のものといえよう。しかし堅塩は生塩とちがって完全脱水をしてニガリ分を焼きぎってしまう（$MgCl_2 \rightarrow MgO$）から大気中では溶解しない。中央への貢租（調・庸の塩）として運搬し、保存するには最適のものであった。そういうことから、弥生後期から統一政権が出現すると、船載岩塩に似た堅塩が要求され、それが奈良時代まで続き、堅塩は中央豪族の用いる塩の一般的な形態となっていたものと推定される。従ってそういう段階では上質であって、蘇我稲目の娘の名にも「堅塩媛」などという名称が用いられたのであろう。

顆単位は奈良時代を経過する過程で宗教的な記録に集中してゆき、『延喜式』では殆んど祭祀関係の記録に集中する。恐らく煎塩・熬塩という細粒状焼塩や純度の高い生塩生産技法も向上し、上質塩が中央に搬入されることとなり、色や形からしても下品な堅塩が、時代遅れの塩となり、そういう中で守旧に権威を頼む宗教祭祀の部門にのみ残ったと考えられる。かくて支配層の塩であった堅塩も、奈良―平安初期には、古式でしかも一度祭祀に使ったおさがり物の塩となれば、忌むべきでしかも下級塩＝貧者の塩となり下がっていったものと推定できる。そうすれば『万葉』（貧窮問答歌）の「かた塩を取りつゞしろひ」も理解されることとなる。

塩山─権門・寺社は山林を占有して塩をえた

天平二〇年（七四八）の「太政官符」に「明石郡築（垂）水郷塩山地三百六十町東寒河、南海辺路、西築水河、北太山堺」（『東大寺要録』巻六）とあり、宝亀一一年（七八〇）の『西大寺流記資財帳』には「塩山」、「塩木山案印在内在讃岐国」、「取塩木山案印在内在播磨国」、「赤穂郡塩山」、「寒川郡塩山」などの記載がみられる。またこの塩山のある地域からは塩地子がそれぞれの塩山所有者に納められているから、「塩山・塩木山・取塩木山」などは製塩燃料を採取する山林であったことがわかる。こういう山林の有力貴族・寺社による領有は天平一五年（七四三）の「墾田永世私財法」が出た頃から始まったようである。

しかし塩山はあくまで塩山であって塩浜は含まれていない。海岸の砂浜は「雑令」の「山川藪沢之利は公私之を共にせよ」といわれた状態が続いていたようである。貴族寺社は製塩燃料のみ領有して塩浜は領有しなかったわけである。このことは塩浜がまだ成立していなかったことを示している。即ち採鹹法が塩浜（田）法以前の塩尻法の段階にあったことを物語っているわけである。従って山林領有者は塩生産者に燃料を供給することによって、その生産塩を地子として収納していたのである。従って律令政府の必要とする調塩・庸塩はまだ有力貴族や寺社に囲い込まれない─公私共有の山林と海浜を利用して律令公民が生産していたということにもなるのである。

塩山の面積の数十、数百町歩というと、大量の塩生産を想像させるものであるが、製塩には莫大な燃料が必要であって、近世において合理化された入浜塩田の場合、比重一五～一八度ボーメの鹹水を煎熬しても、一町歩の塩田（生産量年約一二〇〇石）で七五町歩の山林が必要であったと計算されるのであり、採鹹技法の幼拙なため濃度の低い鹹水を煎熬する場合、しかも熱効率のよくない原始的な釜と竈を用いた当時としては、さらに莫大な燃料を消費したと思われる。

有力貴族や寺社が、奈良時代から平安初期にかけて、塩生産に乗り出してきて、公私共有の燃料山林である塩山を占有していくことは、調塩・庸塩を生産する律令公民にとって死活を制せられる問題であった。延暦一八年（七九九）の「備前国言、児島郡百姓等、焼塩為業、因備調庸、而令依格、山野浜嶋、公私共之、勢家豪民、競事妨奪、強勢之家弥栄、貧弱之民日弊、伏望任奪給民云々」（『日本後紀』）の記事は、如実にそれを示している。また播磨国赤穂の場合は、東大寺が領有した墾生山の六〇町歩の塩山に、班田農民が入ってほしいままに伐損し、延暦一二年（七九三）には伐損禁止の国符を出すという状況がみられる。またこういう事情であれば、まもなく成立するであろう塩浜（田）も燃料を掌握する権勢家に囲い込まれ、山と浜を結合した所謂「塩荘園」が成立していくであろうことは推定に難くはないといえよう。

塩尻―略奪的製塩法

略奪農業が存在したように、塩浜（田）に先行して略奪的な採鹹法が行なわれたことを推定したい。

鎌倉初期の僧顕昭が『六百番陳状』で、「あまのまくかた」を次のように解説している。干満中間位の砂浜を潮干の潟というが、干潮時に乾燥して塩の微細結晶の付いた砂（鹹砂）を集めて、海水で溶出して鹹水をえて、これを釜で煮つめるのであるが、使用後の砂（骸砂）はその場所に積みあげておき、干潮ごとに鹹砂を採集して溶出を繰り返すから、遂には浜の砂がなくなってしまう。そうなると使用済みの砂を、二人がえの畚《もっこ》や柄振りなどで元の浜に撒きちらす。その浜を「あまのまくかた」というのである、と。塩田では骸砂は原則的には直ちに元の地盤へ撒かれたわけであるが、この段階では鹹砂を何回もとれるだけとって、浜砂が無くなってから撒き返すというのである。しかし撒き返すわけであるから、その浜の所有権は確立しており「皆各々主の定まりて侍るなり」と記している。

『後撰和歌集』（天暦五年〔九五一〕成立）に英明中将の「伊勢の海蜑のまくかたいとまなみながらへにける身をぞうらむる」という歌があり、「あまのまくかた」による採鹹法は平安初期まで遡りうることとなる。また同じ頃の成立と思われる『伊勢物語』に、富士山を形容して大きさは比叡山を二〇も重ねたようで、形は塩尻のようであるといった部分があるが、この塩尻とは使用済みの浜砂を積みあげたものを指した語であろう。

「あまのまくかた」では骸砂を元の浜に撒き返したが、所有乃至使用権の発生しない段階では鹹砂を集めて溶出し、骸砂を放置しておき次には別の浜へ移動して採鹹し、これを転々とくりかえすことが可能であったであろう。その間に大波や大満潮によって骸砂の山即ち塩尻は崩されて元の浜にもどされたであろう。

『播磨国風土記』に「塩代（塩）田廿千代」とあるが、恐らくこれは塩代田二渚のことであろう。また『法隆寺伽藍縁起并流記資材帳』（天平一九年〔七四七〕）に「海浜二渚」、『筑前国観世音寺資材帳』（延喜五年〔九〇五〕）に恐らく大宝三年（七〇三）からそうであったと推定される採鹹場が「二浜一院所」と記載されている。これらのことから奈良時代には採鹹場は二浜で一単位となっていたことが推測される、即ちA浜で採鹹して集める鹹砂が無くなったら、骸砂は積み捨てておいてB浜に移り、B浜で採鹹を続けるがその間に

A浜の骸砂は大満潮や大波で元の浜に返されている。B浜で採鹹できなくなるとA浜に戻るというような方法を行なうためではなかったかと考えられるのである。

このように逆に推定していくことによって、塩田法に行きつくまでに、海浜を転々と移動して鹹砂を採取し、溶出し、其処で煮つめて塩をえるという略奪的製塩が行なわれていたであろうことが想定されることとなる。これは無理な想定ではない。後でも述べるが、近世に秋田の天王村・出戸村で全く同じ方法が行なわれ、少し進歩した型のものが北九州の小波瀬や乙女新田で行なわれていた記録が残っているからである。私はこの採鹹法を塩田法と区別するため「塩尻法」と名付けた。

瀬戸内や伊勢湾などでこのような採鹹を行なうためには、干潮から満潮に移る時刻に砂浜表面の鹹砂をできるだけ多く、満潮に浸されない場所に集めなければならなかったろうから、当然多くの人々の一斉作業となったであろう。その状況が万葉人をして「塩焼くと人の多なる」と表現せしめることとなったものであろうし、こういう方法であれば溶出のための海水汲揚げは満潮時の労働が安易となるから、満潮時刻が夜になった場合、月光さえあればその作業は行なわれたであろう。中世歌謡ではあるが「月の夜潮を汲む」とか「月影ながら汲もうよ」という状況も古代からみられたであろう。

塩尻法は恐らく藻塩法からの移行と思われるが、その時点やそれが支配的であった時期を推定することは困難である。しかし奈良時代以前にはこの方法が始まっていただろうことは考えられる。

勿論この塩尻法は、干満差の大きい海岸では干潮時に行なわれたが、干満差の小さい太平洋岸や日本海岸では、大波が浜砂を濡らしたあと乾燥した鹹砂を集めることとなった。前者の方法が入浜系塩田に発達し、後者の方法が揚浜系塩田に発達していくのである。

塩浜―塩浜は何時どのようにしてできたか

塩浜（田）法に先行して、略奪的採鹹法ともいえる塩尻法が行なわれたであろうことは前述したが、同一地盤で撒砂―乾燥―集砂―溶出―撒砂の作業を、干満潮に影響されないで繰り返す採鹹法即ち塩浜（田）法が、何時頃、どういう過程で現われたかを推定してみよう。

いまのところ「塩浜」という用語の初見は貞観五年（八六三）〔播磨国赤穂庄―『平安遺文』二七八八〕、続いて貞観一四年（八七二）〔備後深津庄―『平安遺文』一六五〕、貞観一七年（八七五）〔伊勢？―『三代実録』〕、安和二年（九六九）〔備前利生庄―平一安遺文』三〇二〕とあらわれる。

赤穂庄における塩浜の成立を考えてみよう。延暦一二年（七九三）の『播磨国符案』『東大寺牒案』『播磨国坂越神戸両郷解』（以上『平安遺文』七・八・九）によると、塩山三〇町歩が七五六年に東大寺に勅施入されているが、この時点では塩浜はまだあらわれない。同文書によると、その付近の住民は、この山を東大寺のものと知りながら勝手に伐採して製塩し、その代償として地子を納めていたことがわかる。この段階では恐らく所有権の発生していない砂浜で、塩尻法によって採鹹していたであろう。

大治五年（一一三〇）の『東大寺諸荘文書并絵図等目録』（『平安遺文』二一五六・二一五七）の中に「貞元五年十月廿六日郡司注文……塩浜五十町九反百七十二歩」とあり、これと同一の文書と思われる仁平元年（一一五一）の『播磨国東大寺領荘々文書目録』（『平安遺文』二七八八）に「赤穂庄公験…… 一枚同（貞観）五年塩浜治田山四至郡解」とあって、前者の貞元五年というのは―貞元は九七六～九七八の三年間である―貞観五年の誤記と思われる。従って赤穂では貞観五年（八六三）には塩浜が成立していたとしてよいであろう。また「塩浜」という呼称の出現は、いままでと違った採鹹法に移行したことを示すものでもあり、そのために東大寺領に囲い込まれたわけであろう。塩浜法の成立は奈良時代末から平安時代初期と推定したい。

　赤穂庄（石塩生荘）に含まれた塩浜面積は約五〇町歩であるが、塩浜にはそれに接する畑地なども含まれ、後に名田に発達する治田も同様に囲い込まれていることからして、五〇町歩が一生産単位ではなく、かなり小さく分割されていたと思われ、また治田と同様に百姓の私有権が強くなっていたことも想像され、その権利主張から一七二歩というような細かい単位まで算出されたのであろう。

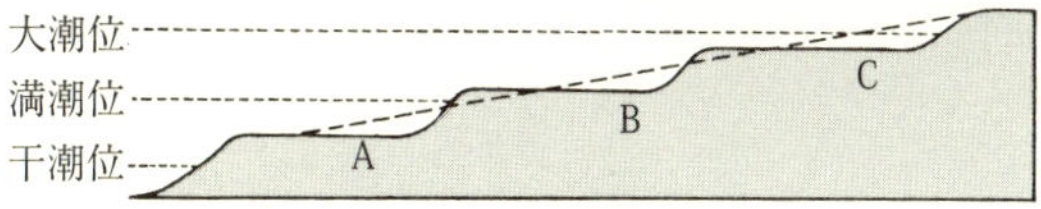

砂浜と干潮位の模式図

　次に成立当初の塩浜の実態を想定してみよう。まだ防潮堤の築造は考えられないから、砂浜はおおまかに図のような三部分に分けられる。Aは干潮時の海面より高く満潮時は冠潮する干潟。Bは満潮面の上にやっと砂面が出ている部分、Cは満潮面より高いが大満潮が冠潮するからまだ田畑化していない部分。B、C面は漸次平坦化されたであろう。

　勿論塩浜の中には墾田や池沼・葦原もあり、地形や潮流の関係で砂粒が採鹹に不適な所、淡水の影響の大きい所、あるいはB、Cなどの部分を欠く所などが混在していたであろう。

　Aの浜は干潮時に乾燥した表面の砂を満潮直前に集め、C浜は或いは満潮の浸さない堆土などの部分に集積し適時溶出したであろう。B浜は採鹹最適部分のように思われるが、干満潮位は変化があり、波浪の関係もあって時にはA浜の一部となり、時にはC浜の一部として使用されるという実情であったと思われる。Cの浜は、大満潮で冠潮したあと一〜二回鹹砂を集めて採鹹する程度の使用から、満潮時海水を汲揚げて撒灌するようになったであろう。

そうするとC浜はA、B浜よりも安全であり、波浪や干満時間に左右されずコンスタントに作業ができる塩浜となったであろう。かくてA、B浜は広範囲の砂浜から適当な鹹砂を採集し運搬する労働が主となり、C浜は海水を汲み運搬する労働が主となったであろう。前者（A・B浜）は入浜系塩田へ、後者（C浜）は揚浜系塩田に発展することとなる。防潮堤を造成しえない段階では後者即ちC浜のほうが効率的である。勿論「塩堤」云々の記録もみえ始める時代であるから、少なくともB、C浜においては浜の所有乃至用益権が成立し、骸砂は当然元の浜に撒き返されていたであろう。C浜のような塩浜の場合、干満差の少ない日本海岸や太平洋岸のものを自然揚浜、干満差の大きい瀬戸内海や鹿児島湾などのものを古式汲潮浜と名付けて区別されている。

塩ごし―鹹砂の塩分をどのように溶出したか

塩浜での作業によって、砂粒の表面に付着した塩の微細結晶を、どのようにして溶出して濃厚海水（鹹水）としたてであろうか。その装置や方法を、古代歌謡にあらわれる「塩ごし」「塩ごしの樋」などから推測してみよう。

場所は不明であるが、古代後期の歌に、

塩ごしはかけ樋も埋む雪間より　いかでたくもの烟たつらん（「為忠後百首」―一一三四年頃成立）

すすたれるまやのあるよりもる雪や　見ししほごしの樋にもあるらん（「散木奇歌集」―一一二〇年頃か）

などとみえる。『大言海』は、しほごし＝潮を汲み送ること。『広辞苑』『日本国語大辞典』は、潮水をひき導くこと、また汲み送ること、とある。いずれも「こす」＝「越す」「超す」＝一方から他方へやる。物の上を通って向こうにやる。渡す。運ぶ、と理解しているようであるが、これを「漉す」としてはどうであろうか。

前の歌の「塩ごし」は、鹹砂の塩分を海水で溶出して鹹水をとる容器あるいは粘土などで造った装置となり、「かけ樋」は「塩ごし」に海水を送る筧、あるいは滴下した鹹水を鹹水溜めに送る筧と解釈できる。後の歌は、鹹水を溶出するために、または鹹水を溶出する装置に付設された樋ともとれるが、樋のような形をした溶出装置、例えば丸太を半截して中をくり取った容器のようなものと考えたい。

「塩ごし」は溶出作業そのものをさした語であったものが、その道具乃至装置という意味にも使われるようになったのではあるまいか。さらにその装置は、直径一メートルもある丸太を半截し、中をくり取った容器であり、これに鹹砂を入れ、筧で海水を注加し、かきまぜて塩分を海水に溶出させ、その上澄みの鹹水を採るか、またはその容器の一端に穴をあけ、これを台上に傾斜させて置き、鹹水を穴から滴下させるような構造のもの、おそらく「こす」という表現からすれば後者であろう。またその場合、穴から砂がもれないように、藻をフィルターとして使えば、滴下する鹹水は「藻垂れ」ともいわれたであろう。丸太半截形の「塩ごし」を推定する理由は、赤穂で平安初期の汀線と考えられる所から、用途不明のこのような大型木器が出土したこと。また伊勢神宮御塩浜の溶出装置（粘土壙）の底に、そのような木器が使用されていること、などからである。

塩談1　塩で見付かった平家の落人

五家荘に最初に隠れたのは菅原道真の子といわれるが、平安末（一一八五）壇ノ浦の合戦ののち、平知盛（清盛の子）が緒方姓を名乗って五木に落ちのびたという。そこでは山畑耕作と鹿などの狩りをし、追手をさけて人に知られぬよう、何代か生活を続けていた。

建武中興（一三三四）によって、肥後守に任ぜられた南朝方の菊池武重の家来、佐々源内の所へ、板木村の商人重助が「塩売りの勘兵衛と申す者が、ここ十年ほど前から土蔵を建てるなど羽振りがよくなったが、何かよからぬことでもやっているのではなかろうか」と密告があった。

源内は塩売り勘兵衛をきつく訊問した。

「はい。それは十数年も前になりましょうか。私が塩の振り売りに奥山へ入って行きました。川辺川をさかのぼって掛橋の方へ行っておりました処、何処からやってきたのか、鹿皮をまとったすごい身なりの人に出合いました。危害を加える様子もなく、人なつかしげに、しかもこわごわと私に話かけてきました。まずその人が申すには、私はこの山奥に住む者であるが、どうか今日ここでお会いいたしたことは内密にして欲しい。また続けて、山奥の生活であれば塩に飢えている。塩の一握りでもお持ちであれば、山のもの・狩りのえものと取りかえてはくれぬか。と申しました。気の毒に思って、私は塩売りですから、もっていた残り少ない塩を袋のままやってしまいました。その喜び様はひとかたではありませんでした。色々と話し込んだのち、逢った所で満月の明くる日に、狩の獲物と塩を取りかえる約束をいたしました。取りかえた鹿の皮などは人吉の商人が高く買ってくれました。いくらかの蓄えもでき段々と商内《あきない》は手広くなり、あのような土蔵も建てることができました。何回も逢っているうちに、その人達は平家の落人であることもわかりました」

と勘兵衛は申し上げた。

かくて塩によって、五木の落人部落が発見されたのである――と熊本の宿での女将さんの物語りであった。

煎塩鉄釜――土器による焼塩から鉄釜による焼塩へ

『筑前国観世音寺資財帳』の七〇九年の「熬塩鉄釜」を初見に、いまのところ古代の塩釜の記録は表のように四件あげられる。いずれも底の厚さ二寸~五寸という釜である。鹹水を煮つめる釜としては適切な型とはいえない。昭和前期に大分県乙女新田の塩田で鋳鉄平釜の囲りを底のない桶でかこって、その釜の容量を多くして製塩した例もあり、中国ではこのような釜の周囲に幅五~六寸の竹や葦で盤帯をめぐらし、その表裏を蜃泥（貝殻粉の漆喰）で塗り固めた例が報告（村上正祥）されている。しかしわざわざ「熬塩」「煎塩」と記載されている点、また塩の形態が焼成固形塩から生塩に移る過程で、比較的短期間しか使用されていないという点から考えて、既に岡本明郎が述べたように、細粒状の焼塩を生産した釜と推定したい。

土器や貝殻に詰めて焼く脱水~脱苦汁の方法から、生塩を熱した鉄板の上に載せて煎って脱水する方法も考案されたであろう。また岩塩に郷愁を感じた人々の時代でもなくなったであろう。黒紫色の汚ならしい堅塩よりも「雪零《ふ》るは、白塩を宍《しし》に塗る祥《さが》なり」（雪が降る夢はおまえ〔鹿の〕肉に塩をまぶすということの前兆である。『風土記逸文』摂津国夢野条）のように「雪の如く白い粒状の塩」が一般化してきたのである。粒状焼塩は勿論運搬中或いは貯蔵中に溶解することもなく、搗き砕く手数も省けたであろう。

粒状の焼塩が貢納塩（官塩）の一般的な形態であったことは、「延喜交代式」の記載からも推定できる。即ち、

凡宮塩積年聴耗。三年已上一斛耗二升。五年已上四升。

と、目減りの基準が示されているが、年数は官が収納してからか、交替してからかは不明であるが、三年間以上で一石に二升の目減りといえば二パーセントである。近世においても生産してから一年間で二〇パーセントの目減りが常識であるから、官塩は水分と吸湿性の強い苦汁を除去した塩、即ち生塩をさらに熱処理した焼塩でなければ、このような数字にはならないからである。

因みに煎塩鉄釜と全く同形態の釜が千葉県富津市金谷神社に「鉄尊様」として祀られ、県の文化財に指定されている。製作年代は不明である。

蛇足ではあるが、古代の中央貴族の焼塩によった味の慣習が所謂「上方の淡味」の原型をなすものではないかとの想像も可能である。

鹹水を煮つめた釜については、近藤義郎や伊藤保が発見した三重県小海や塩崎の土釜片が解明の手掛りとなるようである。

年代	名称	寸法	史料名
709年（和銅2）	熬塩鉄釜	口径　5尺6寸 厚さ　4寸 口辺朽損	『筑前国観世音寺資財帳』 延喜5年 （東京芸術大学蔵）
737年（天平9）	煎塩鉄釜	径　5尺8寸 厚さ　5寸 深さ　1寸	「長門国正税帳」 （正倉院文書）
738年（天平10）	塩竈	径　5尺9寸 周　1丈7尺7寸	「周防国正税帳」 （正倉院文書）
1191年（建久2）	塩釜	広さ　4尺 厚さ　2寸（讃岐国）	「西大寺所領荘園注文」 （大和西大寺文書）
現存	俗称 鉄尊様	口径　162cm（5尺4寸） 厚さ　10～12cm（3.3～4寸） 深さ　2cm（0.7寸） 重量　1571kg	千葉県金谷神社に現存 （寸法は、村上正祥の実測による）

古代・中世の記録にみえる鉄釜

また塩釜を覆う釜屋についても『源氏物語』に「あはれに、さる塩屋のかたはらに過ぐしつらんことを、おぼしの給ふ」などとあり、『筑前国観世音寺資財帳』に「焼塩所」という記載もあるが、これも実態は不明である。

投木―なげきこりつむとは―薪の山

平安時代になると、塩釜のそばにうずたかく積みあげられた塩木の山が、文芸の材料となる。

なげきこる山とし高くなりぬれば　つら杖のみぞまつつかれける（『古今集』―九一〇年頃）

なげきこる山路は人も知らなくに　我が心のみ常にゆくらん（『貫之集』―貫之九四五年歿）

……君もなげきをこりつみて塩焼くあまとなりぬらん……（『蜻蛉日記』―九四七～九九五年頃カ）

誰により樵るなげきをかうちつけに　荷なひもしらぬ我に負ほする（『平中物語』―九六〇年頃カ）

我も人もこがすなげぎのもととなりにけるも……（『夜の寝覚』―九七〇年頃カ）

歌絵に、海人の塩焼くかたを書きて、こりつみたるなげきのもとに、かきてかへしやる

四方の海に塩焼くあまの心から　やくとはかかるなげきをやつむ（『紫式部集』―一〇〇〇年頃カ）

なげきこる身は山ながら過せしか　浮世の中に何残るらむ（『赤染衛門集』―一〇〇〇年頃カ）

蜑がつむなげきの中に塩垂れて　いつまで須磨の浦と眺めむ（『源氏物語』―一〇〇一年～一〇〇六年頃カ）

などとあって、嘆きと投木が懸け詞となっており、樵りは凝りにかけ、それをさらに積む、重ねると強調したものと思われる。投木について『日本国語大辞典』は、木を投げること、またその木、薪として火に投げ

入れる木、と解説している。これだけでは物足りない。何のために、何処から投げるのか、についての説明がないからである。

この投木という語の使用は、管見の及ぶ処、製塩以外の、例えば製陶などの場合には使用されていないようで、製塩燃料すなわち塩木のみをさしたもののようである。また投木の用法は、製塩におけるその消費燃料の莫大さを知って、初めて使えるものであろう。近世の史料ではあるが、周防大島郡小松村の「浜塩焼由緒」によると、薪は三間（約六メートル）に四〜五間（八〜一〇メートル）四方に、高さ四〜五間、梯子を使って積みあげていたとある。すなわち一〇メートルほども釜屋の傍に塩木が積みあげられていたのである。古代においても塩焼く浦にはあちこち斯様な薪の山があり、それが当時の文人の目をひく風景となっていたと思われる。この薪は必要に応じて、最上部から釜屋近くに投げおろされたわけで、それが投木であり、それは竈に適した長さに切られ（樵り）積まれていたのである、

汲潮浜―平安時代の揚浜系塩田の発掘調査

赤穂市堂山の古代塩田発掘調査は日本で最初のことである。昭和五四年四月から六ヶ月、兵庫県教委によって行なわれ、平安時代後半から鎌倉時代前半に及ぶ塩田関係遺跡（塩田・土留め堤・溶出土壙など）、弥生終末期の土壙群、古墳時代後期の竈と貝塚などの存在が確認された。

堂山塩田の構造は、干満中間位にある砂州に、木杭を四〇センチメートル間隔で打ち込み、竹のしがらみか、或いは内側に板などをあてて高さ約一メートルの土留めとし、この内（山）側を塵芥や土砂で埋めて平

坦面を造り、上に粘質細砂を厚さ約一〇センチメートルに敷き詰めて地盤としていた。地盤の高さは満潮位よりやや高く、堤の天場はそれよりも約二〇センチメートル高くし、また埋立と並行して、木杭の頭を覆うように粘土を幅約一・三メートル、高さ約六〇センチメートルに積み固めて堤の馬踏としていた。

塩田中の溶出装置は、椀を縦に半截した形で地盤に掘り込まれ、直径約四メートル、深さ約六〇センチメートルで、その縁は地盤面より上へ約一〇センチメートルつき出た形となっていた。半截の直線部分は板で土留めをし、裏側には約二〇～三〇センチメートル大の石を約二〇個入れ土圧を防ぐ意図のように思われた。装置の底は粘土を厚さ約二〇センチメートル叩きしめていた。この装置は鹹水を底の簀の子を通して滴下させる型ではなく、海水を溜めておいて鹹砂をかき込み、「穴かき」（出土した）で中の鹹砂をかきまぜ、塩分を溶出させて上澄みの鹸水を汲み取る方式のものであったと思われる。

堂山塩田（汲潮浜）推定復元図

溶出装置の近くに綰物《わげもの》を嵌め込んだ粘土壙があり、溶出装置で得た鹹水を一度これに移し、さらに泥土を沈澱させる役目をさせる装置であったと推定された。

また塩田地盤上に直径約四メートルの範囲に、長辺約三〇センチメートル大の山石が無造作に置かれていた。これについては二つの推察ができる。一つは、この塩田は地盤に満潮時の海水を汲みあげる型式のものと推定されることから、汲み込む時の水勢で地盤に穴が掘れないようにする積み石とみる推測であり、他の一つは鹹砂と同様に使用する藻の干し場となっていたのではないかとみる推測である。即ち塩田が成立してからも鹹砂を使用するほかに、藻をこの石場で乾燥させて、砂と共に溶出槽に入れて海水の濃度を高める。或いは藻を石場に干したまま海水を汲みかけると海水は幾分か濃くなるであろう。集石遺構はこのように使用されたのかもしれないというのである。

次に堂山塩田における採鹹作業を順を追って推定してみよう。満潮時の海水は塩田地盤とほぼ同じ高さか、やや下までやってくるから、堤の上に立って桶のような容器で汲みこむことができる。満潮時が夜であれば「さしくる潮を汲みわけて、見れば月こそ桶にあれ……」「夜潮を運ぶ海人少女」(謡曲『松風』)とか、「みぎはの波の夜の塩、月かげながらくまふよ」(『閑吟集』)と中世歌謡にうたわれたような作業となったであろう。かくて塩田地盤全体に浅く冠潮させる。海水は徐々に地盤に浸透する。太陽と風によって盤面上部が乾燥する。乾燥を速めるためには万鍬のようなもので爬砂を行なったであろう。塩田表面の細砂(撒砂)に塩分が結晶して鹹砂となるのを待って、板片か柄振で溶出装置にかき込む。海水が不足すれば汲み込み、鹹砂をかきまぜて塩分を溶出させる、用済みの骸砂をかき出して元の地盤にはねまく一方で、次の鹹砂を槽にかき込む。この作業を何回か繰り返して、次第に濃くなった上澄みの鹹水を隣の沈澱槽(絹物を嵌めた土壙)に移す。上澄みができると、これを直接に釜かまたはその傍の鹹水貯蔵槽に移すことになる。このような採鹹作業が繰り返されたことが推定できる。というのは斯様な形態の塩田が近世には瀬戸内の半島部や島嶼部に存在し、また山口県熊毛半島では明治末期まで操業されていたからである。

釜・竈などの遺構の発見が期待される。

古代の塩生産で著名なところは

塩生産に関係したと思われる海部の郷、調庸塩貢納国、調庸塩付札、各寺社の資財帳などにあらわれる塩山、塩浜など、あるいは万葉集などの文学作品にあらわれる塩生産地を一覧表にすると次の如くである。

常陸国	行方郡（『常陸風土記』）
上総国	市原郡海部郷（『和名抄』）
武蔵国	多摩郡海田《あまだ》郷（『和名抄』）
伊豆国	伊豆国（「正税帳」）―『大日本古文書』）
駿河国	駿河国（「正税帳」）―『大日本古文書』）
信濃国	小県《ちいさがた》郡海部郷（『和名抄』）
越前国	角鹿の海塩（『日本書紀』「武烈前条」）・敦賀（『万葉』二九七一）
	坂井郡海部郷（『和名抄』）
	三方評《(郡)》竹田部里（「藤原宮木簡」）
	小丹生評《(郡)》岡田里（「藤原宮木簡」）
	小丹生郡野里（「平城宮木簡」）
	志積浦（「天台座主良源遺告」―『平安遺文』三〇五）
若狭国	若狭国焼塩（「西大寺資財流記帳」―『寧楽遺文』）

	若狭封戸調塩（「東大寺封戸荘園并寺用帳」─『平安遺文』二五二）
	調塩貢納国（『延喜主計式』）
丹後国	熊野郡海部郷（『和名抄』）
	加佐郡凡海《おしあま》郷（『和名抄』）
但馬国	但馬国（「正税帳」─『大日本古文書』）
隠岐国	海部郡海部郷（『和名抄』）
三河国	渥美郡大壁郷（「藤原宮木簡」）
	庸塩貢納国（『延喜主計式』）
尾張国	智多郡贄代郷朝倉里（「藤原宮木簡」）
	生道塩（『延喜主計式』）
	海部郡海部郷（『和名抄』）
	調塩・庸塩貢納国（『延喜主計式』）
伊勢国	河曲《かわわ》郡海部郷（『和名抄』）
	調塩・庸塩貢納国（『延喜主計式』）
志摩国	伊雑（『志摩国輸庸帳』）
	答志郡磯部郷（『和名抄』）
	答志坂崎（「荒木田氏元寄進状」─『平安遺文』六七七）
紀伊国	海部屯倉（『日本書紀』）

淡路国

海部郡賀田村（「東南院文書」—『平安遺文』二五七）

海部郡可太郷（「平城宮木簡」）

日高部（郡カ）（「平城宮木簡」）

海部郡賀田村塩山（「東大寺封戸荘園并寺用帳」—『平安遺文』二五二）

海部郡（『和名抄』）

調塩貢納国（『延喜主計式』）

津名郡野島（『日本書紀』）

淡路片塩（「二部般若銭用帳」—『大日本古文書』）

松帆浦（『万葉』九三五）

南西田野浦（『日本霊異記』下）

三原郡阿万郷（『和名抄』）

調塩貢納国（『延喜主計式』）

摂津国

須磨（『万葉』四一三・三九三二）

播磨国

餝磨郡安相里（『播磨国風土記』）

明石郡海人（『日本書紀』）

海浜二渚在印南郡与餝間郡間（「法隆寺伽藍流記資財帳」—『寧楽遺文』）

赤穂郡檝尾塔山（塩）（「西大寺資財流記帳」—『寧楽遺文』）

印南野（『万葉』九三八）

備前国

縄の浦（『万葉』三五四）
石塩生荘（「東大寺諸荘文書并絵図等目録」—『平安遺文』二一五六〜五七）
明石郡築水郷（同前）
児島郡三家郷（「平城宮木簡」）
児島郡賀茂郷（「平城宮木簡」）
嶋郡賀茂郷（「平域宮木簡」）
児島郡（『日本後紀』）
児島郡利生荘（「仁和寺法勝院領目録」—『平安遺文』三〇二）
未勘郡塩荘（「叡岳要記」—『荘園志料』上編）

備中国

邑久郡神崎村（「官宣旨案」—『京大東大寺文書』（二）
調塩・庸塩貢納国（『延喜主計式』）
浅口郡（『続日本紀』）

備後国

調塩貢納国（『延喜主計式』）
深津庄（「仁和寺文書貞観寺田地目録」—『平安遺文』一六五）

安芸国

調塩・庸塩貢納国（『延喜主計式』）
安芸郡口里（「藤原宮木簡」）
安芸郡阿満郷（『和名抄』）
佐伯郡海部郷（『和名抄』）

	調塩・庸塩貢納国（『延喜主計式』）
周防国	沙磨之浦（『日本書紀』）
	大島郡美敢郷（「藤原宮木簡」）
	調塩貢納国（『延喜主計式』）
長門国	長門国（「正税帳」―『大日本古文書』）
阿波国	那賀郡海部郷（『和名抄』）
讃岐国	山田郡海部（「平城宮木簡」）
	（那珂郡）□□□（「平城宮木簡」）
	寒川郡（「西大寺資財流記帳」―『寧楽遺文』）
	網の浦（『万葉』五）
	調塩貢納国（『延喜主計式』）
伊予国	調塩貢納国（『延喜主計式』）
土佐国	高岡郡海部郷（『和名抄』）
筑前国	志賀・志可（『万葉』二七八・一二四六・二六二二・二七四二・三六五二）
	志摩郡加夜郷（「筑前国観世音寺資財帳」―『平安遺文』一九四）
	怡土郡海部郷（『和名抄』）
	那珂郡海部郷（『和名抄』）
	宗像郡海部郷（『和名抄』）

筑後国	調塩・庸塩貢納国（『延喜主計式』）
	筑後国（「正税帳」―『大日本古文書』）
豊後国	海部郡（『和名抄』）
肥前国	三根郡海部（『続日本紀』）
	調塩貢納国（『延喜主計式』）
薩摩国	調塩貢納国（『延喜主計式』）

古代において塩はどのように流通し消費されたか

律令時代における中央の塩は主として調・庸に依存したと思われる。奈良・平安時代を通じて調塩の量は正丁一人につき三斗（『賦役令』『延喜式』）、庸塩は一斗五升（『延喜式』天平元年〔七二九〕、『志摩国輸庸帳』）であった。これらの塩は「塩参升肆合捌勺人別二勺」（天平一二年〔七四〇〕『内蔵寮解』）、「塩弐斗肆升柒勺歌女塩二斗二升九合一勺　人別四勺直丁塩一升一合六勺　人別四勺」（天平一七年〔七四五〕『雅楽寮解』）、「塩壱斛肆斗捌升陸合弐勺経師已下雑使已上　単二千四百七十七　人別六勺」（天平勝宝二年〔七五〇〕『造東大寺司解』）、「塩伍升捌合人別二勺」（天平宝字三年〔七五九〕『造東大寺司造瓦所解』）などとあるように給料の一部として流通し、また中央官庁の余剰塩が都の東西市で販売された。このような動きが中央における塩流通の主流であったと思われる。また政府の事業においても「塩一斗一升六合八勺六升九合二勺雇夫百七十五人料別四勺四升六合六勺領並仕丁百廿五人料人別四勺」（天平宝字六年〔七六二〕『甲賀山作物雑工散役帳』）のように人夫賃としても使用され、地方官庁の国衙でも「塩弐斗弐升肆合捌勺　稲肆斛陸斗捌升捌合上別日稲四把　塩二勺　把　塩二勺稲八合　従稲一升　史生別日稲四塩一勺五撮別日稲三把」（天平一〇年〔七三八〕『駿河国正税帳』）のように、或いは部領使、下伝使、巡行（天平一〇年『周防国正税帳』）の出張旅費などにも稲・酒などと共に支給された。勿論寺院などでは京の市で購入しこれにあてたわけである。

しかしそういう律令制的流通のみでは、進展する寺院経済には不足を来し、次第に有力寺院は塩の生産地を掌握することに乗り出していった。これが前述した塩山の囲い込みである。そうしてまたそういう塩が多量に中央市場に持ちこまれたであろう。

勿論そういう官設の流通網が全体を覆ったわけではない。都や国府から遠く隔った地域の農民などはそれなりの流通網をもっていたであろう。塩浜（田）の出現は農民的な流通網へもかなりの塩を動かせるようになったと思われるし、生産者の側でも調・庸・地子として貢納したあとにも、自分で処理できる塩が残ることとなったであろう。そういう塩が動き始めると、「真鍋と中島に、京より商人どもの下りて、様々の積載の物ども商ひて、又しわくの島に渡り、商はんずる由申けるをきゝて、真鍋よりしわくへ通ふ商人はつみをかひにて渡るなりけり」（『山家集』下雑一三七四）というような状況もあらわれ、それによって菅原道真の「寒早十首」に詠まれるような、あらあらしい豪民も出現する。

宝亀元年（七七〇）には既に郷戸主と思われる外正八位下周防凡直葦原という者が、鉄一〇〇貫と塩三〇〇〇顆を献上して外従五位上を授けられるという記録（『続日本紀』巻三〇）もみられる。

農民的な流通塩は摂津山崎などに集散したようで「此地累代商賈ノ廛、魚塩ノ利ヲ遂グル処ナリ」（『三代実録』貞観九年〔八六七〕）とあり、またこれらの塩が「これは店に女房居りて物売る……馬車に魚塩積みて持ち来り預どもよみ取りて棚にすえて売る」（『宇津保物語』藤原の宮）と小売りされたと思われる。

塩の用途～消費は、前述のように贈答、給料或いは祭祀用の供物から始まって、祓い浄めに使い（『皇大神宮儀式帳』）、時には呪詛にも使った。「伊豆志河の河島の一節竹を取りて、八目の荒籠を作り、其の河の石を取り、塩に合へて其の竹の葉に裹みて、詛はしめて言ひけらく、此の竹の葉の青むが如く、此の竹の葉の萎ゆるが如く青み萎えよ。又此の塩の盈ち乾るが如く、盈ち乾よ、又此の石の沈むが如く沈み臥せといひき」（『古事記』中巻）がその例である。勿論、保存・調味・医薬での消費が最も多かった。

「香島嶺の机の島の小螺を……早川に洗ひ濯ぎ辛塩にこゞと揉み高坏に盛り」（『万葉』三八八〇）と螺を塩もみにして生で食べ、「御塩のはやし」（『万葉』三八八五）、「堅塩をとりつゞしろひ」（『万葉』八九二）など生塩・焼塩をそのまま或いは調味料として、王朝においても「漬けたる蕪、堅い塩ばかりして」（『宇津保物語』蔵開下）、「塩辛キ干タル鯛ヲ切テ盛タリ、塩引ノ鮭ノ塩辛気ナル……鰺ノ塩辛、鯛ノ醤……」（『今昔物語』巻二八）など保存用に多く用いたことがわかる。また「難波の小江の初垂を辛く垂り来て……わが目らに塩漆り給ひ」（『万葉』三八八六）と難波の製塩と、一番垂れの鹹水を陶工の作った瓶に、前日入れてもらっておいて翌日に持ち帰り、それを目薬として珍重がる様子や、「痛き瘡に塩を灌ぎ」（『万葉』巻五沈痾自哀の文）などから薬として使用したことも明かである。

塩談2 潮汲車

謡曲「松島」「八島」「紘上」「融」などにも塩に関する語があらわれる。汐を汲む・出汐を汲む・潮汲む桶・潮汲車・あまの塩屋・塩屋の主・塩がま・千賀の塩釜・焼く塩煙・汐じまぬ旅衣などがそれである。このうち興味をひく語は「潮汲車」であるが、これは伝観阿弥作「松風」に

「潮汲み車　僅かなる　憂き世に巡る　はかなさよ」と使われている。

『日本国語大辞典』は、これを「海水を汲み入れた桶を運ぶ車」としている。「松風」は須磨浦を舞台としているが、これは無常の世の憂き身を修飾する文であるため、須磨浦の製塩には関係なさそうであり、同曲中他に陸奥・尾張・伊勢の製塩を謡った部分もみられるから、それらの何処かでみられたものかとも思われる。播磨高砂には鹹砂を海浜からかなり離れた所まで運搬したという伝承があるが、若しそれが史実であるとすると、そこで溶出採鹹するためには、海水も同様に運搬したと考えなければならないし、そうすれば潮汲車の存在も推定しなければならない。

しかし製塩作業で海水を運ぶ場合は、撒砂への撒潮作業、鹹水溶出作業が考えられるが、いずれの場合も、近世においても、塩たご＝荷い桶によって人肩で運搬した。薩摩湾岸の遠浅の地帯で、干潮時の汲潮作業に、汀まで二〇〇メートル以上もあっても車は使用していない。最も先進的であった瀬戸内の入浜塩田においても、遠くは一〇〇メートルも海水より重い鹹水を人肩で、鹹水槽まで運搬しているのである。播磨高砂浦の伝承も、英国では塩税の関係から鹹砂運搬の例があるようであるが、日本の場合は想定し難いし、どうもこの潮汲車というのは、存在したとすれば、鹹水運搬に使われたものではなかろうか。塩田と釜屋との距離がかなり離れている場合、分散して存在する塩田が一つの共同釜を使用するような場合に、鹹水を釜屋まで運ぶ場合に使用されたものではなかろうか。現に伊勢神宮の製塩においては、御塩浜と御塩焼所（煎熬釜屋）は二キロメートルも離れており、鹹水をトラックで輸送しているという例もある。

中世の塩浜と塩生産者の実態はどうであったか

平安後期から応仁の乱頃までの荘園公領制下における塩浜の性格と直接生産者の形態を、網野善彦は次の如くとらえている。

○海浜の一形態である塩浜は、公私共有の伝統から無主の場―無主之国領として、国衙の管轄下に置かれる場合が極めて多かったであろう。

○塩浜の検注は「塩浜一処」などの記載方式が多く、国衙に掌握されたものも一応町反の単位で丈量されたようであるが、反以下の数字はみられず、流動性のある不安定な塩浜の検注は粗放な田畠より一層粗いものであったようである。

○塩浜は畠地以上に制度外的な位置におかれ、荘園公領制の中では浦とともに畠地と山野河海とのほぼ中間に位したといってよかろう。

○従って塩年貢は基本的には名に編成された田畠に賦課されるものであり、塩浜の土地そのものから徴集されるのは地子―塩地子であったのである。

○以上のような塩浜の土地制度上の在り方から、塩浜、製塩に関する文書、文献史料は貧困ならざるを得なかったのである。

さらに網野は塩生産者の存在形態を三類型に区分して次の如く述べている。

〔一、平民百姓による製塩〕

1塩浜が百姓名に結合している形態

備前・備後・淡路・伊予など、瀬戸内海周辺部及び島嶼の荘園・公領に特徴的に見られる形態で、年貢として塩を負担する。全国的にみて、量的・質的に大きな比重をもっている。

2塩浜が浦に付属する形態

浦の平民百姓―海民の共同体による製塩で、日本の海浜で最も一般的にみられる形態であり、若狭湾の浦々の場合が典型的である。

〔二、職人による製塩〕

伊勢神宮・上下賀茂社・春日神社などの中央の大社、宇佐八幡・由原八幡・気比社等々の地方の大社は、神事に必要な塩を確保するため塩浜をもち、中には製塩を職掌とする神人・職掌人によって塩を生産させた場合もある。伊勢神宮はその典型で、多くの塩浜を持ち、御塩焼内人といわれた「職人」による製塩が行なわれた。但し他の神社については製塩を職掌とした神人の存在は必ずしも明瞭ではない。この場合神社に貢納される塩は公事ということになる。

〔三、下人・所従による製塩〕

海辺の領主や職人の一部或いは平民百姓の首長などが、下人や所従を駆使して製塩を行なう型。但しこれについては史料を確認しえないが、西北九州の青方氏の製塩や、説話ではあるが由良海で製塩した山椒大夫や常陸の文正の製塩による上昇の物語などから想定することは可能である。

なお網野は塩浜の丈量と塩の計量についても次の如く解説している。

○塩浜の丈量

町反歩制　伊予弓削島
町反丈（仗）制　伊勢塩屋御薗
壱処・壱処内三分一　（同）
迫・世町　（同）
五ツ六ツ（浜数）　瀬戸内沿岸地域
壱昇（壱上）・半昇・「塩浜壱昇参石之処、従鼻ノ脇八昇目他」　若狭湾岸中世後期

○塩の計量

籠――「塩壱籠・雑海菜壱折櫃」（弘仁六年〔八一五〕「東大寺請納文」―『平安遺文』四〇）、「米百八十石、塩廿籠」（長徳四年〔九九八〕「備前国鹿田荘梶取解」―『平安遺文』三七四）、「塩手籠納二石之内四籠八斗仁和寺御房進　一籠御修法間御用」（康和三年〔一一〇一〕「摂津国垂水荘地子日記」―『平安遺文』四九五七）、弓削島荘では平安末～鎌倉初期はこれが公的単位。

俵――「しを二百五十俵　京定納百石表別四斗定」（延応元年〔一二三九〕「伊予国弓削島荘関係史料」―『日本塩業大系』史料編、古代・中世㈠）、「大俵」「小俵」（建長六年〔一二五四〕同前）、「中俵」（文永七年〔一二七〇〕同前）、「節料塩小俵俵別五升宛」（延文元年〔一三五六〕「大音文書」―『若狭漁村史料』）

果――「代堅塩八百果」（天喜五年〔一〇五七〕「東大寺政所勘文」―『平安遺文』八六九）、「（本家分）大谷浦……丸塩百三十果、干飯浦……丸塩百三十果、玉河浦……丸塩百三十果、領家御分……丸塩三百果、大谷・干飯・玉河、大宮司御分……丸塩九十果大谷・干飯・玉阿進」（建暦二年〔一二一二〕「越前

気比宮政所作田所当米等注進状」―『鎌倉遺文』一九四五）

桶――「五二〇桶八合」（文安二年〔一四四五〕「備後国藁江庄社家分塩浜帳之事」―『石清水八幡宮史料』第六輯）、桶はこれ一例のみであるが、俵にして五七俵七桶八合であるから一俵＝九桶＝五斗のようである。（『日本塩業大系』原始・古代・中世〔稿〕による）

＊本項は、網野善彦「平安時代末期～鎌倉時代における塩の生産」（『日木塩業大系』所収）を要約してなったものである。

瀬戸内の何処で塩が作られたか

『日本塩業大系』原始・古代・中世（稿）によって、中世瀬戸内の塩生産地を紹介しよう。

○淡路国由良荘――元応元年（一三一九）の関東下知状（「若王寺神社文書」）に「地頭名未進并塩浜年貢事」とある。

○播磨国松原荘――文明五年（一四七三）に塩地子三三石五斗（「石清水文書之六」―『大日本古文書』）があらわれ、井上孝治「大塩町塩業史」によると松原八幡宮を本所とする多数の塩商人が座を結成し、諸公事・関津料を免除され、加古川・市川の流域で活躍したことがわかる。

○播磨国的形村福泊――乾元元年（一三〇二）里の長者安東平左衛門海浜二町余を築出して塩浜となす（『増訂印南郡志』『峯相記』）とある。

○備前国邑久郷内吉塔――建久六年（一一九五）の官宣旨案に「塩浜少々、字吉塔」（『鎌倉遺文』七八九）とある。

○備前国裳懸荘――嘉元三年（一三〇五）「年貢五十石、塩十五石、比皮五十井」（『九條家文書』）を出している。

○備後国歌島（向島）――嘉吉三年（一四四三）この島の百姓は総計一九二俵の塩を代銭で納めている（「備前国歌島手次目録」）。

○備後国因島荘――延元二年（一三三七）因島三荘のうち中庄では「名々塩」一〇七一俵＝五三五石余＝代銭八五貫余を地頭が収取している。従って領家もこれに劣らぬ収奪をなしたであろう。重井荘は「名々塩」一五二俵＝七六石＝代銭一二貫余を地頭が収取している。また三津荘は地頭請で、同塩四四二俵＝二二一石余＝代銭三五貫余を収奪している（「備後国因島関係史料」―『日本塩業大系』史料篇、古代・中世（一））。

○備後国藁江荘――文安三年（一四四六）塩年貢として五二〇桶八合、俵にして五七俵七桶八合を出している（渡辺則文『広島県塩業史』）。

○安芸国都宇竹原荘――貞応二年（一二二三）の地頭得分注文に「塩浜地子三分之一」が書きあげられている（『小早川文書之一』）。

○安芸国船越村――弘安八年（一二八五）在庁田所氏の所領中に「塩浜一反」が記載されている（『広島県塩業史』）。

○周防国東仁井令――応永三四年（一四二七）の地頭方年貢請文案に塩五石を含む年貢が東大寺に送られている（『東大寺文書』第四回探訪卅二）。

○讃岐国塩飽荘――摂関家年中行事を記した「執政所抄」の「御盆供事」の条に「塩二石塩飽御庄年貢内」

とある（『群書類従』第十輯上）。

○讃岐国志度荘――建永元年（一二〇六）「能米三十石、塩十石、炭五十籠」が年貢として出されている（『門葉紀』慈円起請文）。

○讃岐国三崎荘――「摂籙渡荘目録」に法成寺領としてあらわれ、塩浜があったことがわかる。

○讃岐国塩入新開田――暦応三年（一三四〇）「讃岐国潮入新開田内壱町塩浜五反内三反坪付等有之（『八坂神社文書』下二〇四六号）とある。古式入浜の出現が推測される。

○讃岐国小豆島――明応九年（一五〇〇）の「小豆島利貞他五名田畠塩浜山日記」に、島全体を示すものではないが、塩浜数一一六他荒三、塩年貢九五石余の記録がある（「赤松家文書」）。

○伊予国岩城島・生名島――いずれも戦国期と推定されるが、岩城島小泉一方分に二六半西部一松分に八半の塩浜がみられ、生名島については「夫役はま数の事」という事書がみられる（「廿日市町極楽寺所蔵文書」）。

○伊予国大島荘――『醍醐雑事記』に「塩地子三十石」を出す荘園としてあげられている。

○伊予国道後――正中元年（一三二四）弓削島の承誉は伊予道後から安い塩を買い年貢塩として納めたとある（「弓削島荘百姓等申状」）。

○伊予国弓削島――正和二年（一三一三）の「弓削島荘公田方田畠以下済物等注文」から算出すると、約三町五反歩の塩浜の存在を推定しうる。塩浜の主体は揚浜系汲潮浜と考えられ、年貢納入の仕方から年中作業を行なっていたこともわかるが、これがすべて汲潮浜であったとすれば三五〇〇石以上の生産があったと思われる。

○なおこの他に『兵庫北関入船納帳』によれば、

淡路国三原
播磨国東山、松江、赤穂、阿賀
備前国児島
備中国手島・神島
備後国三原・田島
阿波国

などの製塩地が推定される。

※本項は『日本塩業大系』史料篇、古代・中世(一)、『同大系』原始・古代・中世(稿)、渡辺則文『広島県塩業史』などによってなったものである。

塩の荘園弓削島―汲潮浜

国衙領であった弓削島は、保延元年(一一三五)国使不入の皇室領荘園となったが、この島は作田塩浜二町余、田堵住人僅かに十余人の狭少の地であった。網野善彦は、この荘園の発展を承久の乱・正和の下地中分を画期として三段階に分けている。その区分に従って島の塩事情をみていこう。

荘園体制が固まらない段階では、国衙が課役として塩を責め取る場合もみられるから、荘園以前から塩生産があったことは事実である。文治四~五年(一一八八~九)の検注目録では田・畠・桑のみが対象となり、島は二二名の百姓名と末久名(下司名)に区分され、各名は田・畠・桑から構成されている。また各名ごとに三反歩余の御交易畠が除畠として付属している。これは律令期地方特産物の上納に対する反対給付の名残りであろう。従って塩年貢が交易畠面積に応じて賦課されたと思われる。また三七三本の桑には本別一籠の塩の代納が定められている。塩浜・山林が検注の対象から除外されていることは、それが田堵住人の共同体の管理下にあり、公私共有の原則が続いていることを物語る。とすれば塩浜にはまだ殆んど人工は加えられず、満潮面より上位の浜は古式汲潮浜、それより下の浜は入浜系塩尻法の段階にあったものと推定される。

承久の乱によって下司平氏は没官され、地頭入部となる。まもなく島は東寺（仁和寺菩提院）に寄進され、正元元年（一二五九）には地頭と東寺の和与が成立し、下司名を地頭名とする代りに百姓名に対する地頭の加徴米徴集は否定された。建治元年（一二七五）荘務権は菩提院から東寺供僧に移るが、島民は地頭の非法や東寺の誅求を激しく受ける。勿論年貢未進や課役免除の要求で抵抗する。弘安一〇年（一二八七）からは地頭請に移行し、収奪もさらに激化する。遂に嘉元元年（一三〇三）には下地中分が契約されるに至った。

この第二段階即ち鎌倉時代には、米・麦現物で徴集された田畠所当が、交易されて京都には塩で貢進されるようになり、これを荘の百姓が楫取となって何回かに分けて運送している。また当代も後半になると、年貢塩は大俵、公事塩は中俵と定まるようであり、「麦代塩」もあらわれる。建長七年（一二五五）頃から「躭」が現われ、年貢米を下行して塩を生産させる方法も行なわれるようになっている。これらは中央の塩に対する要求の高まりでもあり、そのため塩生産も一層進化—専業化し、「友貞名塩釜」「塩屋荒廃」とか「当島塩浜高塩ニくつれうせて候」とかの記録があらわれ、各名個々に塩釜を備え、そのが釜塩屋の中に設備されてきた事情がみられ、さらに塩浜も（汲潮浜の）土留め堤か（古式入浜の）防潮堤が築かれてかなり整備されてきたことも推定される。

嘉元元年（一三〇三）の中分契約は正和二年（一三一三）に至って具体化し、ここに第三段階が始まる。中分は島の集落を三区分して大串方を地頭方、鯨方・串方を領家方と三分の一と二に分割した。勿論非法・増徴攻勢は強化するし、百姓の抵抗も激しくなる。建武政府の崩壊後は島は小早川一族に恩賞として与えられるが、貞和五年（一三四九）までは中分後の形態が維持されたことは明らかである。恐らく室町・戦国期もこの形式だけは保たれていたようである。

正和二年（一三一三）の「田畠塩浜分御年貢以下色々済物等事」によると、百姓は山林を分割所有し、田畠、交易畠（三反余）、塩浜（一〇〇～二〇〇歩）を一経営単位として所有～生産していることがわかる。平安末には共同利用であったと思われる山林が分割され、塩浜も個々に検出されていることは塩田経営の大きな進歩であり、また生産に牛が使役され（燃料運搬、爬砂、集砂、海水汲揚げなどか）、個々に鹹水貯蔵槽も設けられていたことも注目すべきである。塩年貢は永仁二年（一二九四）には三分二方一六三俵、三分一方三八俵、暦応三年（一三四〇）の鯨方の請文では四月中三五〇俵、七月に一七五俵、九月に一七五俵とあって年に七〇〇俵賦課されている。島全体としては約二〇〇〇俵（八〇〇石）と推定される。支配体制が変質したためというより生産性の向上と考えるべきであろう。これらは島の梶取によって淀に運ばれ車力で東寺へ納めたが、島あるいは淀で売却されることもあった。時には年貢塩を収納した代官はこれを売払い、代りに安い道後方面の塩を買って納めることもあった。そういうことは島の有力名主や梶取も行なったであろう。各田方の百姓で守護の下人となっていたといわれる清左近は、牛一〇匹・下人五人を所有し、近隣の領主に関係をもつほど上昇していたということからも推察できるのである。

＊参考引用文献—渡辺則文『広島県塩業史』、専売公社編『日本塩業大系』史料篇、古代・中世（一）、『同大系』原始・古代・中世（稿）

若狭湾岸の製塩—自然揚浜

『若狭漁村史料』などによると、蒲生・玉河・干飯・大谷・大縄間・沓・手浦（以上敦賀湾岸）、常神・神子・小川・遊子・塩坂越・世久美・倉見・黒崎・汲部・多烏・矢代・志積・犬熊・西津の各浦々で製塩が行なわれたことがわかる。

この地帯の採鹹はその自然条件から推定して自然揚浜法によったとしてよいが、元弘二年（一三三二）の「西津庄地頭年貢目録写」（『大音文書』）によると、その単位面積は大は一反一〇歩、小は六〇歩であったことがわかる。また『秦文書』によって汲部浦の浦分を塩浜として算出してみると、一名分平均一〇五歩となる。この湾岸の塩浜面積は大体一〇〇歩前後と考えられる。また近世の自然揚浜から推定して当時のこれらの塩浜も自然のままで施設・設備などといえるようなものは存在しなかったであろう。

このような段階における製塩では、古代から続いて塩木山の確保は重大なことであった。文永八年（一二七一）の「秦守高多烏浦立始次第注進状」（『秦文書』）には「百姓等進退山宮東山百姓分也、すな浦ハ昔ハ田烏領也、この山々をつるへの百姓等にとられ候て候間、殊ニたからすハあセ候て在家なし」といって、塩山が侵略されると製塩集落は離散してしまうというのである。

また古代においては権門・寺社などが一括領有した塩木山は、嘉禎元年（一二三五）の「讃岐尼御前御領宮河保内黒崎山預浦之事」（『秦文書』）にみられる如く、「浦預」「浦百姓等預」と浦百姓の共有林という形を残しながらも一方では有力百姓個人に分割され、さらに文永九年（一二七二）「西津庄内汲部浦廿四名山

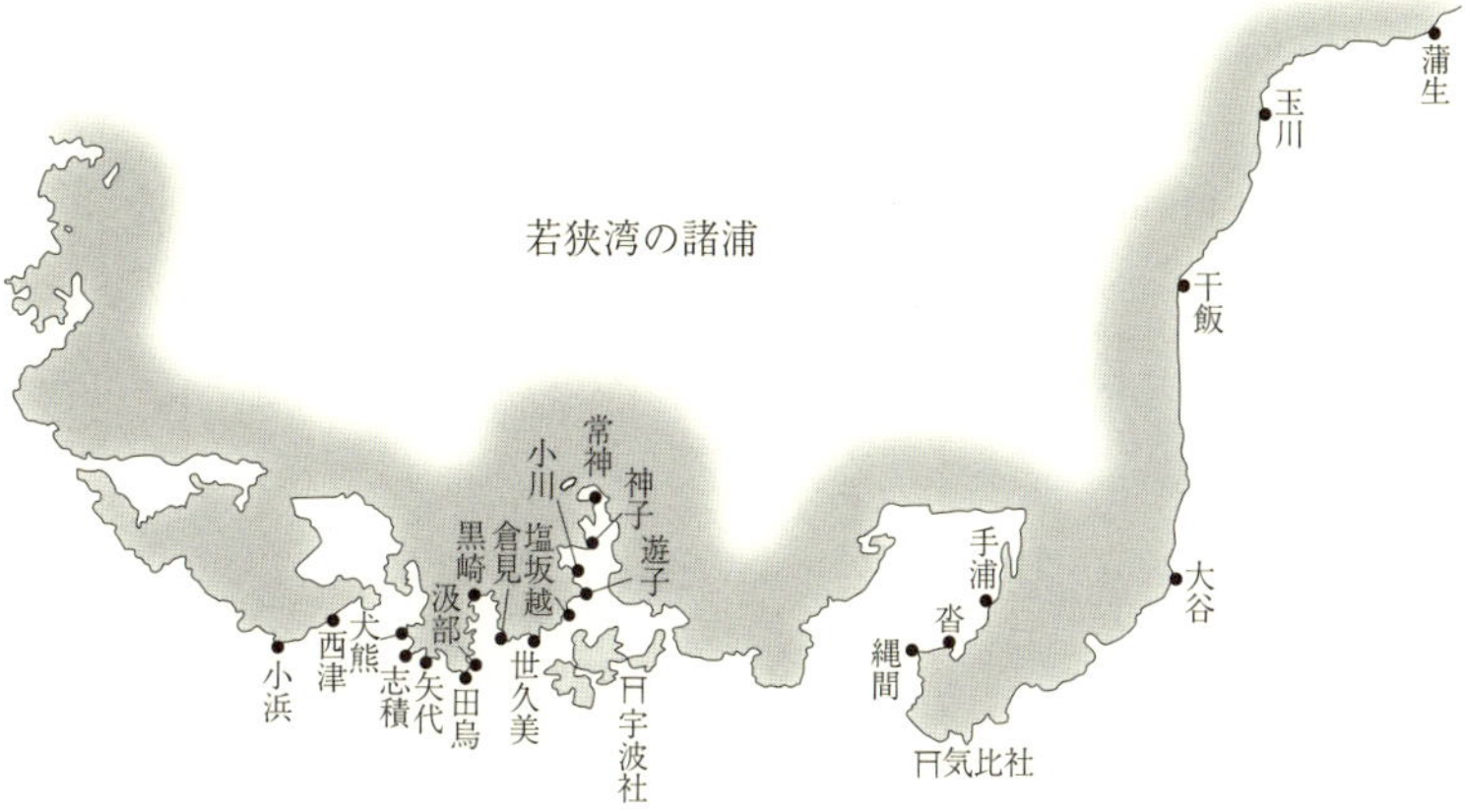

手塩取帳写」（『秦文書』）では、個々の百姓への分割が明確化し、延元六年（一三四五）の「殊尾山五人百姓注進状案」（『秦文書』）にいたると、その四至の記載も詳細となる。これは塩浜とともに塩木山も鎌倉期を通じて細分化されてきたことを物語る。

塩釜については、弓削島の如く名別に釜が所有されていたかどうか、また如何なる形態の釜が使用されたか全く不明である。ただ、永仁元年（一二九三）汲部浦で「釜年貢」に、二四名中の一名分をもって充てられていること、元応二年（一三二〇）「多烏浦地頭方注文」の「一、大かま一・小かま一　御年貢銭　参百漆拾伍文」という記載がみられるのみである。これと近世の実態から推察すると、焼貝殻粉粘土釜（貝釜）が共同で使用されたのではないかと思われる。

なお敦賀湾東岸の気比社領である玉河、干飯、大谷から、建暦二年（一二一二）に塩年貢として、丸塩一三〇果（本家分）、同三〇〇果（領家分）、同九〇果（大宮司）へ納めている。これは古代の堅塩が中世初期までこの三ヶ浦で生産され、祭祀用として納められていたのではないかと推察される。

若狭湾岸の多烏・汲部浦では弘安七年（一二八四）に山手塩の

銭納が認められ、延慶四年（一三一一）の浦請の際の山手塩其他の諸公事も銭に換算されており（『秦文書』）、御賀尾浦も同じ頃銭納が行なわれていたようである（『大音文書』）。また西津荘も元徳二年（一三三〇）頃の塩浜検注目録に分塩の代銭が記されている（『大音文書』）。これらは塩の交易がこの地域でかなり活潑に行なわれていたことを示すものである。多烏浦の船徳勝は文永九年（一二七二）北条時宗から「国々津泊関々不可有其煩」という過所の旗章を与えられ、また永仁四年（一二九六）には汲部大夫は船王増に乗って出雲三尾津を往来している（『秦文書』）。彼等は日本海沿岸を広範に動いていたようである。また志積浦の百姓も建長二年（一二五〇）以来、代々の青蓮院門跡によって「津の煩」を免除され、自由な通行権を保証された「廻船人」として日本海で行動していた（『安信文書』）。このような活躍は当然浦の長者も生み出したわけで、正安二年（一三〇〇）頃、常神浦の刀禰国清は、御賀尾浦の刀禰又二郎の妻となった乙王女に、大船フクマサリ・銭貨七〇貫文・米一五〇石・五間屋一宇・山一所・材木・小袖六・女三人・男二人という莫大な財産を与えるというような者もあらわれているのである（『大音文書』）。

＊参考引用文献—渡辺則文『日本填業史研究』、専売公社編『日本塊業大系』原始・古代・中世（稿）、『若狭漁村史料』

塩談3　恩を売って塩を売る

天文年中（一五三二—五五）、武田信玄、今川義元、北条氏康の三家は三国同盟を結んだが、桶狭間の戦ののち今川氏衰退の結果、甲駿両国間の和は破れた。ここにおいて今川氏真は北条氏政と計り、山国である信玄領内へ、太平洋岸産出の塩の移出を停止するという報復手段を講じた。南方からの塩の供給を絶たれた武田領は忽ち塩飢節に見舞われた。

越後において、この信玄の苦悩を聞いた上杉謙信は、戦とはあくまで刀槍にあり、農民までその苦しみに追いこむことは見るにしのびない、として信玄に一書を送った。もし今川・北条が信玄領への塩を絶つならば、自領北越の塩を貴領へ御送り申そう、と。かくて北越の産塩が、牛馬の背によって糸魚川（ちくに）街道をのぼり、信玄領内に続々と送りこまれた。この塩荷駄の第一便が信州松本に到着したのは永禄一二年（一五六九）一月一一日であった。

誠にできすぎた話である。この話を追っかけた学者があり、その報告によると、この話は元禄（一六八八～一七〇四）頃までしか遡りえないとのことであった。即ち元禄頃に語り始められた話ではなかろうかということである。

元禄頃といえば、瀬戸内の良質塩が、しかも格安で富士川を上り始めた時期である。塩は鰍沢で揚陸され、ここから馬背によって甲府方面に送られるようになったわけで、糸魚川沿いに南下してくる日本海岸の揚浜製塩にとっては、まさに強敵の出現である。この塩の生産者・運搬人・塩商人さらに領主は、北上してくる塩に対応しなければならない。そこで、このような話をまことしやかに語りかけ、恩を売って塩を売るという商才を発揮したのではあるまいか。

以後日本の塩については、この話が陰に陽にまといついているようである。

伊勢神宮の塩浜―古式入浜の出現

伊勢神宮は神事に必要な塩を得るために次のような製塩の御厨・御薗をもっていた。

度会郡　土保利御薗・新開御薗・二見御薗・塩屋御薗

多気郡　浜田御薗・池上御薗

一志郡　島抜御厨・小杜御厨・蘇原御厨・箱木御薗・一松御薗・下牧御薗・垂水御厨・焼出御厨・藤方御厨・一志神戸

安西郡　塩浜厨

三重郡　塩浜御薗・鹿海北岡御薗

志摩郡　国崎神戸・坂崎東地御厨

このうち塩屋御薗の塩浜の発達を「太田文書」によってみよう。古代からの連続と考えられる伊勢の塩尻法が、鎌倉初期僧顕昭の「六百番陳状」に記録されていたが、塩屋御薗ではそういう方法が観応元年（一三五〇）頃まで続いていたようである。ところがその頃から塩尻法を行なった干潟に人工が加えられ、また新しく塩浜開拓が始まった。即ち防潮堤、浜溝、溶出装置、鹹水槽などが新しく造成され、設備の合理化が進められ、また新しい塩浜が開拓され始めたのである。開拓は荒浜休閑地などの部分から始まり、工事は自然堤防を主とした築堤土工が主となったと思われるが、工事のため掘り取られた内側の部分が浜溝となったようである。開拓当初の生産力が安定しない段階では所有権の移動が激しかったようであるが、安定するとその価格が、前段階のものと比べて三倍以上に騰貴している。従って水田を塩浜に転換する例もみられる。開拓乃至合理化後二〇年もすると塩浜の生産性も明確に地価に反映し、入浜系塩田としての特質が明確化する。この型の塩浜を古式入浜というが、一四世紀後半から一五世紀の塩田構造を、同じく「太田文書」から推定しよう。

塩田は河口周辺で、砂嘴などの内側或いは遠浅のかなり奥まった処で、満潮位よりやや低い地盤で、満潮が冠水しないように防潮堤を造り或いは自然堤防をそれに利用した。堤内の海水プールはまだ整備されず、海水プールの中に塩田地盤が島のように存在するというような形態と推定される。従って不完全ながらも海水導入排出の樋は付設されていたであろう。塩田規模はまず「土舟一艘」「かめ一おこし」という作業基準単位の広さが一丈（七二坪）と定まり、この倍数が経営規模となったようで、「穴八ッ前」などと称された。当時の経営規模は五〜八丈即ち一反〜一反五畝が一般的ではなかったかと思われる。沼井即ち鹹砂を集め入れ、海水で塩分を溶解して鹹水を得る溶出装置は塩田地盤内に設けられ、これが穴と称せられ、またその傍らに海水汲揚げのかめ即ち近世の壷池が設けられたであろう。土舟は鹹水槽のことで粘土をたたきしめて釜屋近くに造られたであろう。「寄浜」という語や「塩屋」のみの売券がみられることから、釜は共同使用のもので、釜を中心とした幾つかの塩田の共同組織が構成されていたように思われ、またその釜の所有乃至経営は採鹹者とは別人が掌握していたのではないかと推定される。この地域は揚浜地帯と違って、山が遠く塩生産者が山林を所有できる地帯ではなかったから、薪商人―塩商人―釜所有者―採鹹専業人などというような分化が進んでいたようにも考えられる。塩釜については明確ではない。現在神宮の御塩焼所で使用している鉄釜が当時の俤を留めているかもしれないし、黒部・一色などで近世に行なわれた灰粘土石脚石釜が使用されていたかもしれない。

このような伊勢神宮の御薗浜は、当時としてはかなり進歩した塩田と考えられるが、中央の有力な大社、各地の一宮、二宮級の神社は大なり小なり塩生産地を掌握、支配し、祭祀などに必要な塩を貢納させていたようである。網野善彦はそういう神社を次のように掲げている。陸前塩釜神社、常陸鹿島神社、加茂大社、石清水八幡社、春日大社、出雲杵築大社、豊前宇佐八幡社、同吉田八幡社、豊後由原八幡社。

*参考引用文献―『日本塩業大系』原始・古代・中世（稿）、拙著『日本製塩技術史の研究』

南伊勢の竈方集落の製塩

伊勢国度会郡の南部に「竈」名を付した集落―相賀竈・道行竈・大方竈・赤崎竈・小方竈・栃木竈・棚橋竈・新桑竈―がある。古来この八竈《はつかま》を「竈方」と称している。またここの海岸では竈屋敷、塩釜、釜跡などと称する製塩に因んだ地名に多く接することができる。竈方には共有文書が保管され、それは相賀浦の大賀神社宮司である村田米吉編『南伊勢竈方古文書資料集』として公開された。以下その史料によって南伊勢中世の塩業を推察しよう。

三重県指定文化財「御証文系図一巻」の後記に「至此節汲潮以焼塩為業依之往々称釜者来而秘平家之党者也信長公処々之戦場国司北畑家之戦場等悉致軍忠者也」とあるが、村田氏はこの集団は南北朝の頃から製塩を開始し、その最盛期を永享（一四二九～四一）頃と推定している。

ここでも製塩は、塩山（竈山）が表面に出る形であらわれ、史料も塩山関係のものが殆んどである。

法　度

一、竈引越たるあとにても嶋近所の者竈山よりきり候はバ曲事に可仰付事

一、竈山きり候ニ付無主候は町をうちちかき郷へ可有御尋事

一、かまやまの近所のくさ山やき候は竈山へ火の入らざるやうに可仕候、自然かま山へ火入候は山やき候
　郷可有御成敗事
　右条々依仰如件
　　宝徳弐年（一四五〇）三月廿日　　　　　　　　　　忠　行（花押）
　　　惣竈年寄中

　これによると、集団は製塩燃料として一定の山を伐採し尽すと、次の適地に移動した様子がしのばれる。従って何年か後にはまたその地に帰って製塩するため、引越した後も新芽新材の伐採を禁じ保護されていたものと理解される。また山は燃料の伐採のみではなく、天正一七年（一五八九）の「玉丸直息条書」の中に「深山にて竈に入候道具きるへき事」とあるから、製塩用具の材料もここでまかなったようである。また同文書の「釜立候在所入あひ」などとあるところから釜は集団一釜ではなく、幾つかの釜或いは個別所有の釜による製塩であったように推測される。

　これらの集団は天正一六年の「竈方掟書」には「六竈中」とあるから、年代とともに分化してきたものと思われるが、彼等集団は「竈山」の用益権を維持するために、南北朝の戦乱には南朝方愛洲氏の麾下で転戦し、或いは永禄の赤堀の陣、関ケ原の合戦、大坂の陣、島原の乱などに参加して、その代償として山の権利を安堵してもらったのである。

　従って次のような安堵状は彼等にとって生活権のかかった重宝となったわけである。

（袖書）大夫左衛門方へ

玉丸忠方施行状

忠方

大夫左衛門方へ

諸領中山之事先度任御判旨五かまの衆可焼申并浅生田山之事伊予守殿様任御判旨於已後不可有煩状執達如件

印（花押）文明六年甲午十二月五日　黒印（花押）

玉丸国忠安堵状

分領中山之事、任先代御判之旨、不可有相違者也、并所務之事者可為如前之、仍如件

大永七年丁亥三月廿日　国忠（花押）

五竈老分中

以上によって南伊勢南岸において、中世に製塩が行なわれたことがわかるのであるが、「文書」からではその塩技の実態は判明しない。現地での聞取りによると、大永五年（一五二五）に十津川の河井から落人仲間の甲澄氏が木谷（南勢町）に移住して製塩を行なった記録に「塩浜なしに桶の底に穴をあけ、大竹の節を抜き桶の穴へ差込み、潮を汲みて直に是を焼くなり」とあったという。これは海岸斜面での釜近くに穴を掘り、桶を埋め、竹樋を海中に通じて、桶井より海水を釜に汲み込むように使用したものか、或いは逆に海岸に台を作って桶を置き、これに海水を汲み込んで竹樋を通して塩釜に流し込んだものか、二様に推定される

が、いずれにせよここの製塩は採鹹工程のない海水直煮の方式ではなかったかと思われる。

海水直煮であったとしても、やはり中世に特長的な塩山中心の製塩形態を示している。またそういう塩山を移動する塩焼集団、塩山権獲得とその維持のための集団の戦争請負など、中世塩業の興味ある一面を示している。

塩焼の物語『文正草紙』

『文正草紙』は製塩による庶民上昇の物語として著名である。この草紙の成立は室町中期といわれるが、年号の「文正」（一四六六～六七年）と関係があるかもしれない。ヒーローたる文正つねをかは本名を文太といい、常陸国鹿島大明神の大宮司さだみつ家に仕えた一雑色であった。大宮司家は「四方に四万の蔵をたて、七珍万宝満ち満ちて、ひとつかけるところもなく、よろづ心に任せて、いろ〳〵あり」とあって、その富豪ぶりと、自分では生産不可能な七珍万宝が常陸の如き田舎まで流入しているという交換経済の発達を物語っているが、彼はこの宮司家に仕え「下﨟なれども心は正直に、主の事を大事に思ひ、夜昼心に違はじと、宮仕へしけれども」、その心を試そうとした宮司から故意に暇を出されて、放浪の旅に出て「つのをかが磯」の「塩焼く浦」の「ある塩屋」に奉公し「薪」とりになった。「かくて年月をふる程に、文太申けるは、われも塩焼きて売らばやと思ひ、主に申やう、『この年月、奉公仕り候御恩に、塩竈一つ給はり候へかし。あまりにたよりなく候へは、商ひしてみ候はん』と申ければ、もとよりいとおしく思ひければ、塩竈ふたつ取らせけるに、塩焼きて売りければ、此文太が塩と申は、こゝろよくて、食ふ人病なく若くなり、また塩のおほさつもりもなく、

三十層倍にもなりければ、やがて徳人になり給ふ。年月ふる程に、今は長者とぞなりにけり。さるほどに、つのをかが磯の塩屋ども、みな〳〵従ひける。さるほどに名をかへて、文正つねをかと」称するようになったというのである。長者になりえた条件は、その生産した塩の品質がよく、その方法も生産性が高かったことにある。

　物語の背景を推察してみよう。まず「塩釜ふたつ取らせける」ということから、この鹿島浦の製塩釜は鉄であったように思われる。天正一九年（一五九一）に「権現様東金御成ノ節、当領御通行ノ砌、当浦海面干潟ニテ塩、鉄鍋ニテ塩釜焼候」（『大日本塩業全書』）とあるが、「鉄鍋」と称されるようなものであったかもしれない。次に「文太が塩と申すはこゝろよくて」とあるが、これは他の塩に比べて色も白く味もよかったということであろうが、藻乃至來雑物の多い砂を使って海水を濃縮した場合、或いは海水を直接煮つめた場合は、その結晶塩は沃度によって茶色になり白くならないから、もし塩田採鹹法によったとしても所謂真砂を使い、また味をよくするためには結晶塩と共存しがちな苦汁を十分に除去しなければならないが、そういうことを行なったものではなかろうか。また「塩のおほさつもりもなく、三十層倍にもなりける」とあるのは、生産能率が非常によかった或いは高くなったことを表現したものと思われるが、これから推定すると、海水直煮製塩法から自然揚浜法を導入して海水濃縮を行なった結果によるものではないかとも考えられる。古代に成立し中世には各地の自然条件に応じて各様に展開した塩田採鹹法が、この物語の成立したと推定される一五世紀頃に、この地にも伝播し、その技法を採用し改良していったために「つのをかが磯の塩屋ども」を「みな〳〵従」えることができるように上昇していった話というように推察してはどうであろうか。また草紙の絵によると塩釜を覆う釜屋の屋根が低くて、これでは釜の火が屋根に引火するように思われるが、これについて、ルイス・フロイスが、天正一五年（一五八七）頃の五島における塩生産の状況をみて「この塩は、特製の大きい竈の中で海水を火で煮（つめ）て（製造する）。その竈は藁で作られ掩われているので、焼けないように、内部が蔵のように粘土で固められている」（松田・川崎訳『フロイス日本史』）と報告しているところから、恐らくこの絵の釜屋も屋根裏を粘土で塗り固めており、真実を伝える絵と考えられる。なお「つのおかがいそ」というのは鹿島郡の「角折」の磯ではなかったろうか。

※参照文献—村田安徳「文正草紙の社会史的考察」（『小川高校研究誌』）

塩釜神社の御釜は煎塩鉄釜か

塩釜市の塩釜神社末社「御釜社」に、図のような四枚の鋳鉄塩釜が安置されている。Aは特に「御台竈（釜）」と称され、他の三枚よりも古くしかも格式あるものとされている。建久二年（一一九一）の「西大寺所領目録」にあらわれる塩釜は「広四尺・厚二寸」とあるから、Aはかなりそれに近い型であり、平安末〜鎌倉初期のものではないかと思われる。

B・C・Dはほぼ同型であり、延文五年（一三六〇）の宮内大輔（吉良貞経）の祈願状に、祈願成就の暁には社殿を造営し、「御釜一口広五尺」を鋳造寄進するとあり、広さ五尺のものといえばこの三枚の釜とその大きさがほぼ一致する。後に掲げる「余目文書」の記事と考え合せて、この三釜は南北朝頃の釜と推定してよいであろう。

御釜社の釜

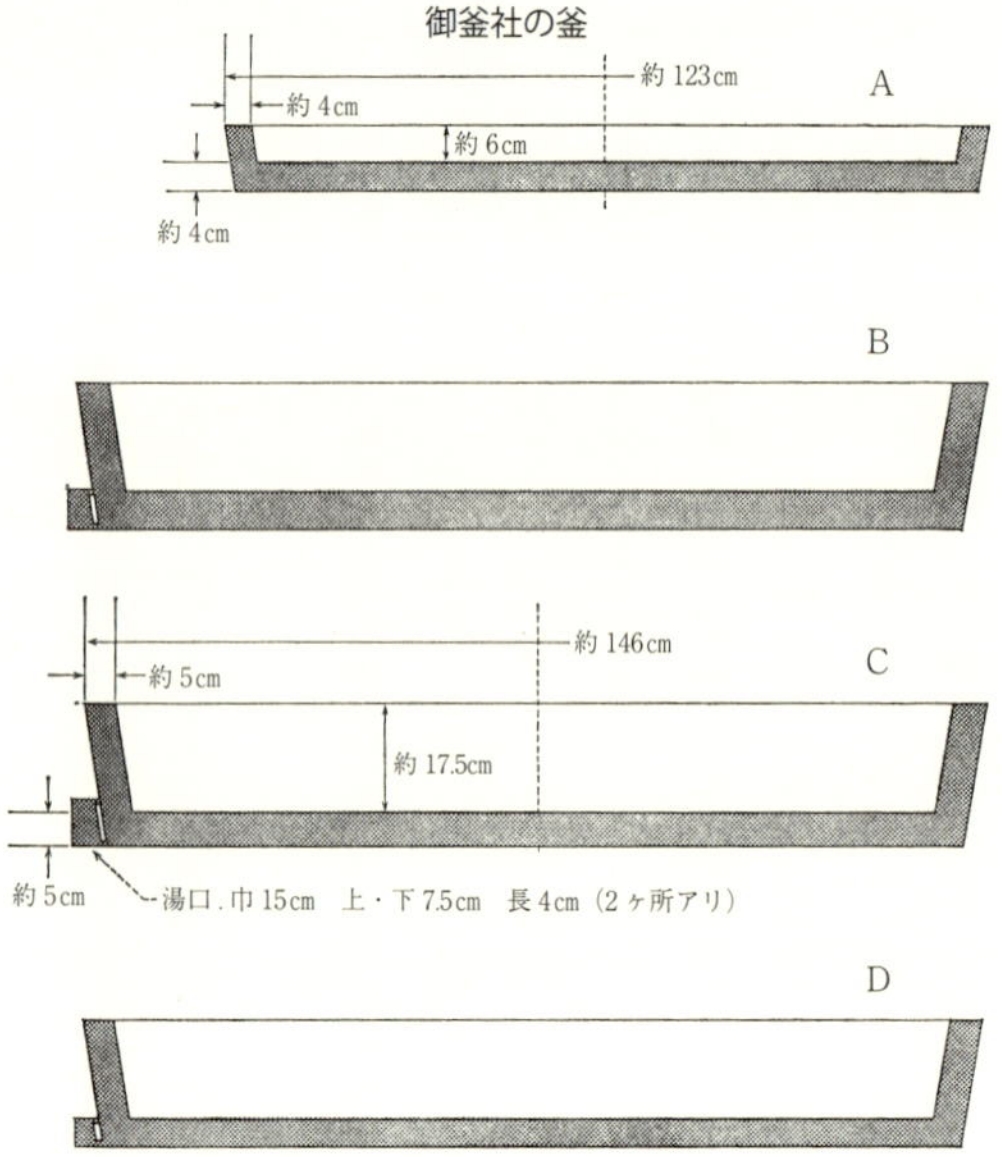

年　代	塩　　釜	深さ：口径
天平 9 年（737）	長門国収納大税目録	1 ： 59
	金谷神社鉄尊様	1 ： 54
鎌倉期？	御釜社御台釜 (A)	1 ： 20
南北朝？	御釜社塩釜（B．C．D）	1 ： 10
	伊勢神宮古記録	1 ： 13
寛永期	能登塩釜	1 ： 2.5
現　代	伊勢神宮	1 ： 7
〃	能登塩釜	1 ： 6

管見の及ぶところ御釜社の釜についての最も古い記録は、平安末期に僧顕昭が『袖中抄』第九「しほかまの浦」に「考二能因歌枕一云、塩釜宮、此神は田村将軍討レ夷之時、五万八千人之兵糧をかしぎたる釜也、またちかのしほかまとぞ云」という文である。これによると現存の四釜以外に別の炊飯用の釜が祭神として祀られていたようにも推察され、また「五万八千人」云々ということから、その数も一枚ではなくかなりの枚数の釜の存在が考えられる。また数万の軍兵の携労用焼塩の釜かとも思われる。

室町期の創建を伝える塩釜社別当寺の、安永年間（一七七二〜八一）成立の『別当法蓮寺記』には「伝謂、上古七口アリ、今只四口ヲ存ス異説多シ、昔代赤眉ノ為ニ三口ハ盗レタルコト、男女野態ノ春歌ニ残レリ、謡ニ曰ク、『塩釜ハモトハ七口ノ竈ナレト、三口ヒカレテ四口ノ志保賀満』、此謡何レノ世、誰レ云ヒ始ルト云フコトヲ知ラズ」とあり、やはり多量のものではなく、幾枚かのうち四枚残ったものとも推察される。

戦国時代の「余目文書」には「大崎殿ハかならす国に立給ふへき御曹司、御くハいしよう《（懐妊）》の時ハ、しほかまの大明神御かげ《（影）》をさし給ふと申伝候也」と記され、釜に湛えられた水の変色によって吉凶を占ったらしい様子がくみとれる。とすればこの戦国期においては釜は既に実用性を失って、信仰の対象物と化していることとなる。江戸時代には釜の水が変色すると災異があると信じられ、仙台藩主の吉凶が予知されたという。伝承の「七口」の釜も含めて、これらの塩釜は平安末期から南北朝の頃までは使用されたように思われる。御釜社の場所は、平安~鎌倉時代にあっては千賀浦に舟戸と江尻の間に突出した砂州の先端にあたり、ここは往時の製塩場であったと推定される。恐らく比処では当時塩釜神社に必要な塩が、神人によって生産されたであろう。

製塩鉄釜の深さと口径の比を算出すると前頁の如くなるが、御釜社の塩釜は鹹水を煮つめた釜ではなく、荒塩を焼いて「焼塩」を生産した釜のように思われる。東北地方の塩は苦汁が抜け切らない下等塩の生産が一般的であったようで、これでは保存或いは神事用に不向きであったからである。特に戦争のための携帯用としてはどうしても焼塩でなければならなかったであろう。

多賀城・国府と塩釜神社との関係、藤原氏目代竹城保司、鎌倉幕府留守職伊沢氏、足利尊氏の奥州探題吉良・畠山・斯波・石塔氏などと塩釜神社との関係などから推察すると、この鉄釜は軍事用の焼塩生産を行なったものではないかと考えられる。

※参考引用文献―押木耿介『塩釜神社』

『兵庫北関入船納帳』にみられる塩

文安二年（一四四五）の『兵庫北関入船納帳』（以下『納帳』）によると、当時の瀬戸内塩の生産・流通の実態がかなり推測できる。

『納帳』の積荷欄には「塩」「（地名）塩」と明示されたものの他に、「地名」のみを記したものすなわち備後・小島・島・詫間・方本・塩飽・手島・引田・三原・阿賀・東山という荷名がみられる。これらも塩荷とほぼ断定でき、特に「備後・安芸」は備後・伊予の塩を総称したもの、小島は児島半島沿岸、島は小豆島、三原は淡路三原の塩と考えて支障ないようである。以上のことを御了解願って、積載塩を名柄別に、各月ごとに集計すると表Aの如くなる。

表Aのうち地名表示塩は備後の五万一五九三石を最多として、次いで児島、島、詫間、方本、三原、阿賀、塩飽の順となり、地名表示塩合計九万一〇二五石である。これに「塩」「〇〇塩」を合せると、総計一〇万九二八七石プラス x となる。近世における塩の消費量は平均一人当り年間一斗とされているから、そういう計算をあてはめると、約一一〇万人分の塩が兵庫北関を通関したこととなる。

また塩の銘柄をみると、瀬戸内といっても、その島嶼部の生産塩が七〇％以上を占めていることがわかり、このことから生産様式も推定できる。すなわち入浜系塩田が未発達（デルタ未発達）で、この段階では揚浜系の古式汲潮浜ないし汲潮浜が支配的で、入浜系塩田は存在しても小さな入江の古式入浜であったといえるのである。またそういう塩田であれば一地域での大量生産～大量積載は望めず、小量ずつ各地で集荷すると

表A 「塩」「○○塩」「地名表示荷」の各月別通関量

月＼塩名	備後	(小豆)島	小(児)島	三原	塩飽	方本	詫間	阿賀	周防
1		1,237		55					
2	780		320	445	400	260	330	40	
3	4,595	350	1,290	437	1,290	905	890	10	
4	5,505	480	540	1,298		1,120	880	30	205
5	5,630	1,500	2,095	665	820	1,080	1,170	305	
6	3,000	560	518	400	1,200		160	203	150
7	8,335	1,340	574	1,877	1,020	930	600	581	600
8	4,730	1,815	1,180	875	80	860	460	802	
9	7,057	760	1,505	630	850	50	30	852	
10	2,406	615	1,230	425	190	170	460	318	
11	5,120	1,970	1,155	158	230	265	725	396	
12	4,435	1,870	675	245	845	960	300	356	
	51,593	12,497	11,082	7,510	6,925	6,600	6,005	3,893	955

月＼塩名	引田	阿波	手島	東山	田島	松原	松江	赤穂	かのうしま	計（石）
1		90								1,382
2	6			20						2,601
3	80	165		30						10,042
4			90				50			10,198
5	85	80	160	90						13,680
6				15	27					6,233
7			150	50				35		16,092
8				15	80					10,897
9	415	60								12,209
10	75	110							13	6,012
11									15	10,034
12	20	100			40	61				9,907
	681	605	400	220	147	61	50	35	28	109,287

表B　各銘柄塩輸送の割合（600石以上）

銘柄	輸送船とその割合（%）
備後	瀬戸田32　尾道18　田島10　弓削7　牛窓6　地下5　犬島4　高崎3　鞆3　三庄3　南浦2　岩木2　伯方2　宇多津1　三原1　竹原・尼崎・連島・丹穂1
島	牛窓44　島37　連島18　那波・尼崎1
小島	下津井43　牛窓25　連島8　番田5　八浜5　地下3　宇多津2　日比2　宇野2　平山2　阿津1　島1　香西・堺・西宛1
三原	三原46　松江21　地下15　尼崎7　室津5　中庄2　由良1　あたか1　杭瀬1　須本・岩屋1
塩飽	塩飽72　地下9　宇多津7　下津井6　連島5　香西1
方本	方本36　野原23　庵治18　引田12　宇多津4　三本松4　地下2　香西1
詫間	宇多津39　平山36　多々津16　香西6　塩飽2　牛窓1
阿賀	地下34　網干28　松江16　今在家5　杭瀬3　中庄2　尼崎2　松原2　福泊1　阿賀1　那波1　伊津1　魚崎1　林1　別所1　栄島1
周防	高崎63　上関22　楊井10　富田5
引田	引田85　三本松11　牛窓3　地下1
阿波	地下50　由良50

なれば、塩名はおおまかに備後・島などと呼称することとなったのであろう。

次に表Aの月別集計から塩生産の季節的変化が推察され、六月と一〇月が特に落込んでおり、梅雨と田植、秋の収穫などの農繁が考えられ、小規模な汲潮浜や古式入浜の半農・半塩という中世塩業の実態も推定されるのである。生産者は塩価への対応よりも貯蔵による目減りを恐れて出荷を急ぐものであった。

塩と積載した船を、船籍別に通関件数と通関量を集計してみると、件数では地下船の活躍が目立ち、牛窓・瀬戸田・三原・尾道・網干の船がそれに続く。輸送量では瀬戸田・牛窓・尾道船が多くなっている。塩のみの平均積載量を算出すると、方本船が平均四七八石、多々（度）津船が三二七石、つづいて田島船・瀬戸田船・島船が二四八石以上を積載しており、これが大型船で、地下・播磨・淡路船は一〇〇石以下、備前船が二〇〇石以下となる。平均して一日に二・五艘の塩船が約三〇〇石の塩を積んで北関を通関したこととなる。

次に銘柄別にそれを輸送した船の船籍と、その塩運送量の割合（%）を算出すると表Bの如くなる。

＊本項は拙稿「兵庫県関入船納帳にあらわれる塩」（『兵庫史の研究』）の要約である。

塩談4　ルイス・フロイスのみた塩釜

フロイスの『日本史』は、天正一五年（一五八七）五島の塩釜について次のようにのべている。

平戸から海上四十里距たったところに五島という幾つかの島がある（第一三章）……五島の島々は、元来、米その他の食料品に乏しく、二つの物品だけが豊富であった。それは大量に獲れる魚と、多量に生産される塩である。この塩だけは土地の産物で、人々はそれで生計を立てていた。というのは、肥後と肥前の国々から多数の船が、米その他の食料品と交換に塩と魚を積載したからである。この塩は、特製の大きい竈の中で海水を火で煮（つめ）て（製造する）。その竈は藁で作られ掩われているので、焼けないように、内部が蔵のように粘土で固められている（第五七章）。……幾つかの塩（焼き）竈の持主で非常に著名な人物が昨年キリシタンになった（第七九章）。……彼らは塩を火力で製造しており、大きい火の上に塩水を入れる大きい容器を置き、その下で火をたいて塩になるまで煮つめるのである。それらの村の一つに、一基のこうした塩の釜を（共）有する幾人かの異教徒たちがいた。……しばしば仕事が終ると、その塩釜が傷み崩れ落ちていて、釜からは期待した塩の利益が少しも得られなくなった。新たな釜を造ったが無駄金を費やしたことになり、この時もまた（製）塩に失敗したからである（第一〇九章）。

以上の記述によって、近世初期における五島列島の海水直煮製塩がわかるのであるが、その釜は、傷み崩れ落ちるような土釜か（石）灰釜であり、しかも大きい容器とあるから、若狭の貝釜ほどのものであったろうか。またこの釜は藁屋根で覆われているが、それが低くて、焔が屋根裏に屈き屋根が燃える心配があるようなものであった。そこでフロイスは屋根裏を覗いてみたのであろう。すると裏には粘土が塗り詰められていて、それが熱のために土蔵の漆喰のようになっていたという。

中世の製塩絵図をみると、すべての釜屋がこのように描かれている。私は、絵であるが故にこのよう描かれているが、実際はもっと高い屋根であったろうと思っていたが、実は絵の通りであり、当時の人はそれなりに防火の工夫をしていたわけである。現代の常識で過去を判断することの恐ろしさが身にしみたことであった。なおこの釜の経営には共同釜と釜主の貸釜との形態があったようである。

京都の塩は何処からどう入ったか

中世京都に搬入された塩は、瀬戸内・日本海岸・伊勢湾岸の産塩であった。

瀬戸内塩は、文安二年（一四四五）の『兵庫北関入船納帳』によると、この年に一〇万九二八七石余が北関を通過していることがわかる。この量は約一一〇万人の需要を充すものである。これらの大半は堺・淀へ向ったと思われるが、堺からは奈良方面に搬入され、淀川を遡ったものは、一部が木津川を経由して奈良方面へ、その大部分は京都方面に流通した。塩の揚陸は、はじめは山崎津、のちに淀の津に代った。淀の津は木津川・鴨川・桂川・宇治川がほぼこの地点で合流し、中世の重要港都となり、西南日本の貢納船や商船の殆んどがここに集中したようであり、それは既に平安末期の『玉葉』や『明月記』に、淀の魚市としてあらわれている。鎌倉期には弓削島庄の年貢塩輸送船や塩船の入津がみられ、正応五年（一二九二）正月弓削島問丸から運ばれた年貢の一九〇俵が、一俵二〇〇文で七条坊門の塩屋商人に購入され、両三日の後に四〇〇文で京で販売していることもわかる。淀の知行者は鎌倉後期から西園寺家であったが、寛正四年（一四六三）同家諸大夫に配分した魚市収入額が、二六九貫七三二文であったというから、当時の繁栄ぶりもしのばれる。塩は鎌倉期には年貢塩と商品塩が並存したが、南北朝頃からは商品塩のみとなったようである。またこの間に魚市の本所として三条西・伏見宮家などが加わったようである。この魚市の機能は戦国末期まで続いたと推定されるが、漸次伏見・大坂へ移っていったであろう。

揚陸された塩は、馬借・車借や塩座商人などによって、大坂街道や西国街道を京都に搬入されたが、京都市民への塩の配給は、魚市あるいは魚市商人がもつ京の問屋から、六人百姓とよばれる塩座が受け入れ、これを洛中へ販売した。この座は戦国期東坊城家を本所とし、幕府の保護を受け、洛中の本座として共同体規制を固めて特権を行使していたという。また応仁以前から洛西西岡の塩合物西座を通ずる配給系統もあった。西座は東坊城・西園寺・三条西の諸家を本所とし、西岡地方から京都西郊に独自の営業を行なった。またこの座衆は共同の市場や市座権などを確保していたほか、個別に西岡地方、洛北・洛西の諸地にそれぞれ一定の「たち場」（専売地域）を確保していたようである。

日本海岸塩は、古くは敦賀から勝野津（高島町大溝）に運ばれたが、湖上輸送の発達から、今津に運ばれるようになり戦国期には塩津・海津へ運ばれるようになった。また戦国争乱が激しくなると小浜から高島へ、九里半街道が多く用いられるようになった。これらの塩の輸送は南五箇の商人、北五箇・小幡など湖東沿岸の商人グループが行なったようである。もちろんそれらの塩の大部分は近江地方の需要に応じたが、一部は粟津供御人によって洛中にも運ばれた。粟津供御人の塩座商人は平安末期から禁裏の粟津御厨の住人で、関銭免除の特権を与えられ、京都で生魚販売に当っていた。南北朝以降は山科家を本所とし塩や相物の取引も行ない、天文二一年（一五五二）には幕府から「粟津供御人塩座」を公認され、洛中から洛東醍醐方面まで販路をもち、いわば動く卸売問屋の役割と機能を果していたという。また漸次南伏見方面にも活動範囲を広げていったようである。また山科から藩谷（汁谷・渋谷）口の塩流通は、戦国末期には宿問今村弥七によって掌握され、今村は天文一一年（一五四二）幕府によって特権営業が保証・安堵されており、山科から洛中、洛東の特権的塩問屋として活躍していたようである。

伊勢塩も石塔・野々川・小幡・沓懸の商人、一名四本と称する伊勢越の商人集団と、これに付属する足子の集団によって、八風・千草・鈴鹿の三峠を越えて運搬され、日野・保内・小幡の塩座から近江各地に流通するいっぽう粟津・大津の塩座を通じて洛中に搬入されたようである。

もちろんこれ以外に東海や北陸・山陰地方から粟田口・白川口・小原口・西七条口などを通って搬入されたであろうし、またそこには藩谷口の宿問のような塩問屋も存在したであろう。また西郊に西座があれば東座の存在も推定され、京都周辺の醍醐や伏見にも西岡の塩座のような塩商人の存在も認められたであろう。

＊本項は豊田武『中世日本商業史の研究』、佐々木銀弥「戦国時代における塩の流通」（『日本塩業大系』所収）を要約してなったものである。

興福寺の塩座―中世の塩流通機構

南北朝の頃成立したと推定される興福寺の塩座は、室町時代奈良を中心とする大和地方の塩の流通に大きな役割を果した。この塩座は厳密にいえば興福寺門跡大乗院末寺菩提山正暦寺別院正願院塩座と同門跡一乗院木津塩座であり、正願院塩座には奈良の塩問屋によって構成された本座と、振り売りを主とする塩小売人によって結成されたシタミの座とがあった。

正願院本座は塩駄を取り扱ったため駄屋ともよばれ、二〜四軒で構成され、座衆は互いに平等の権利と義務をもち、一定の自治権も認められていたようである。これに対して勿論本所大乗院へ毎月一〇〇文あて、

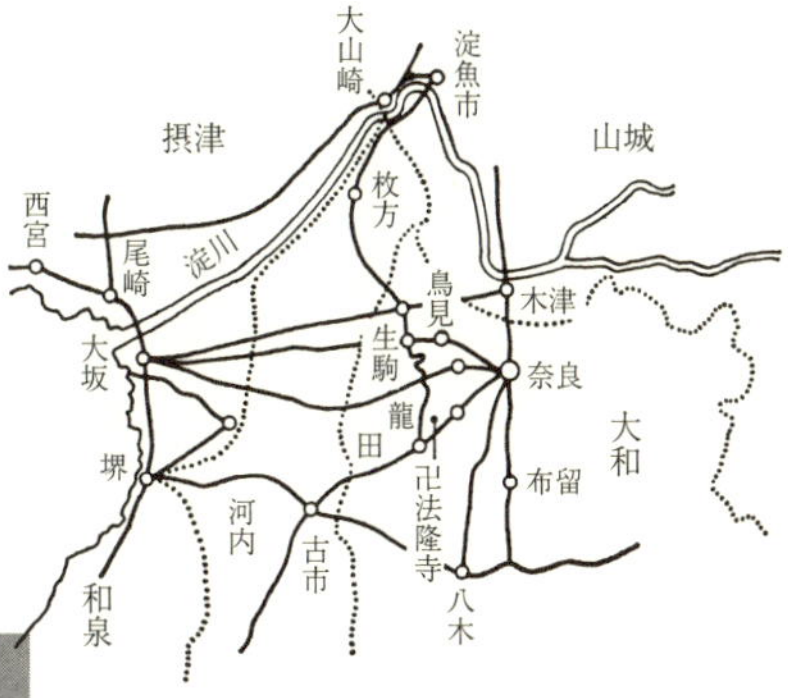

奈良周辺略図

あるいはそれに見合う現塩を貢納することが義務づけられていた。これは座衆の増減に関係なく、また閏月も一〇〇文貢納した。この本座衆である塩問屋への塩物の搬入は、塩飽諸島の商船などが瀬戸内の塩を和泉堺の塩屋に運び、これが陸路東進して道明寺にいたり、大和川河谷を通り法隆寺を経て（後の大和街道）搬入された。その仕事に当ったものは法隆寺・常楽寺・竜田などの地帯に現われた馬借であり、彼等は塩を駄載し奈良の大乗院座・一乗院座に運んだのである。この駄数は一二〇疋（九〇疋―大乗院、三〇疋―一乗院）と定められていた。馬借は一二月末に一疋別一〇〇文の駄銭を問屋に託し、問屋は門跡に一貫なにがしかを納入し、

残額は問屋の得分とされたようである。一二〇疋の搬入量は一駄一石五斗と仮定すると年に約一八〇石となると推定されている。いま一つの搬入路は、淀―木津川溯航―木津―陸路―奈良のコースの存在が明らかである。

正願院シタミの座は、『大乗院寺社雑事記』に「フリ売ニ町々ヲ売也、於屋内不売之者也、仍座衆人数不定也」とあるように、シタミ（目のない籠）を肩に町々を振り売りする小売人の集団で、各人は奈良各所に散在しており、その人数は不定であった。またこの座には沙汰者あるいは一﨟とよばれる座頭が二人居り、座衆からの年貢（油）を徴集納入することを職分の一つとしていた。シタミの座衆は本座より塩の配給をうけて奈良一帯に振り売りしたが、屋内での販売は許されていなかった。因みに奈良の南・北・中の三つの市座商人も配給を受け、市座役を納めて、市日に市場内で塩を販売していたようである。

一乗院の木津塩座は、大和～京都間の要衝に当る木津にあった。問屋は木津に一軒で座衆は転害や鵲方面に居住し、その方面の塩販売に従事していたようである。塩は淀から船によって搬入され、問屋は座衆へ塩駄で運送したが、小売り方法は店舗売りと振り売りの両様式が行なわれていた。

戦国時代にはいると、これらの塩座の対寺社関係が変化したようで、明応・文亀（一五〇〇年）頃にはシタミの座と木津座が合流し、やがて椿井の塩屋となって店売りに転向し、天正八年（一五八〇）頃には奈良二軒の問屋と椿井の塩屋は、ともに大乗院と一乗院の両方に年貢を納めていたようである。

天正一七年（一五八九）郡山城主秀長は、城に大旦の塩を備蓄した。その時の様子を『多聞院日記』は、塩価が下落した機会に、秀長は奈良中の家々に家別一石ずつの塩を木津から奈良まで運送させるという夫役を命じたと記し、これはこれから長期間秀長が郡山に在城する用意であろうと述べている。古代から続いた興福寺の権威も、新しい近世の武力には通じなくなったのである。

＊この項は新田英治「鎌倉～室町時代における塩の流通」（『日本塩業大系』所収）を要約してなったものである。

戦国大名はどのような塩政策を行なったか

○塩留政策

『常山紀談』の「氏真・北条氏康と謀りてひそかに其塩を閉ぢて、甲信に送ることを禁めたりける程に……上杉謙信之を聞き、信玄に書を寄せて云ひけるやう……我れ公と争ふ所は、弓箭にありて米塩にあらず、請ふ今より次往塩を我国に取られ候へ、多寡唯命のまゝなりと」いう今川氏真と後北条による塩留めは、永禄一〇年（一五六七）頃実際に行なわれたようであるが、これに対する謙信の義塩搬送説は疑わしい。渡辺則文は、糸魚川信州問屋の販売独占権（糸魚川口千国番所通過塩のみの販売独占と太平洋岸からの南塩の搬入禁止）を維持するため、糸魚川塩商によって創作された話ではなかろうかという。美談の主の上杉氏も、景勝時代の天正九年（一五八一）ころ出陣の用意のかたわら、西海方面（越中方面か）の塩合物の流通を厳しく止め、戦略的効果をあげているのである。

また天正八年（一五八〇）、後北条軍は関東平野を北上しているが、この年北条氏邦は武蔵国の栗崎・五十子・仁手・今井・宮古島・金窪など神流川を境とする地域に塩留めを実施している。

薩摩の島津氏も天正一〇年頃、義弘がその北進に抵抗する肥後の隈部氏や阿蘇氏と断交し、武力攻撃を行なう一方で、内陸諸大名に対して塩留・魚留の戦略をとっている。

○塩の備蓄

籠城用の米や塩の大量備蓄も重要であった。近江の浅井氏は主家京極氏に叛し、永正一三年（一五一六）には京極氏の一門である六角氏の報復攻撃を受け、小谷城に籠城したが、武具、米などの十分の蓄えに比して、塩が不足していた。そのため急拠家臣を派遣して、長浜の商人を大津にやり、二〇〇〜三〇〇俵の塩を調達させた。商人は危険を感じて塩を箱詰めして呉服櫃のようにし、小舟五〜六艘に載せ湖上を運び、中浜からこれを川舟二〇艘ほどに積みかえ川を引きあげていたが、この枝村の笠原杢なる者にあやしまれ、その家来が検査のために開いた荷が、小谷籠城の侍達の注文の衣類であったため難を逃れ、ついに必要な塩を入手することができた。（またこれによって浅井氏はその今浜商人に営業上の特権を与えたようである）と『浅井三代記』が記している。

また日和見主義者として汚名を残す大和の筒井順慶も天正一〇年（一五八二）六月二日の本能寺の変後九日の出撃の予定を見合わせて、郡山城ににわかに米・塩を運び込んでいる。また天正一七年（一五八九）郡山城に入った秀長も前述のように、塩価暴落の機会に奈良中の家々に家別一石の塩を木津から運ばせる夫役を命じている。（『多聞院日記』）

○塩商人の保護統制

織田信長は上洛直後の永禄一二年（一五六九）堺の豪商今井宗久に、塩座に対する課役徴収権を付与したようである。「今井宗久書札留」の「今井宗久奉書案」の内容は、それ以前に三好氏の家臣十河民部大夫が知行していた塩・塩合物関係諸座の過料（恐らく座役銭）徴収権は、信長によって今井宗久らに付与された旨を各地の塩・塩合物座に通達したものである。これによって信長は宗久の手を通じ、淀魚市塩座以下、京都近辺あるいは堺周辺の塩座を掌握支配することによって、京都の経済の中枢の一部を抑えることができたといえよう。

会津若松の芦名氏は天正五年（一五七七）商人頭の簗田氏に対して、塩荷・塩合物荷物について一定の駄賃徴収を命ずる一方、簗田氏は勿論会津に入る京衆・伊勢衆・関東衆・此外諸他国衆商人に対して、船賃・関銭の減免・御免船積載の荷物には干渉しない旨の「証状」を下しており、また文禄四年（一五九五）には浅野長吉（秀吉五奉行の一人）は、掟書を下付し、会津若松においては、塩役・塩宿役・躙役・駒役といった諸営業税を貢納している商人以外は座の特権を認めないと定めている。

以上のような営業の特権を認める代りに、営業税を徴集したということは保護とはいえないように思われるが、商人側からいえばそれによって特権を自ら維持しなければ損失となるわけであるから、その座衆の排他力は非常に強固となり、大名権力との結合も強くなる。それは統制・掌握と同じことである。かくて特権営業はより多くの利益を生むわけであり、その利益の分け前としての諸役貢納はまた当然ということとなる。そう考えれば保護として異存はないであろう。

＊本項は佐々木銀弥「戦国大名の塊統制」（『日本塩業大系』所収）を要約してなったものである。

安土築城ころから塩価が安くなる

中世末から近世初頭における塩価は、「妙心寺文書」「真珠庵文書」や「相良家文書」などにも見られるが、ここでは有名な『多聞院日記』の塩価を表示して、多聞院の塩購入価格の変動の過程をめぐって若干の推定

『多聞院日記』に記録された塩価

年　　月	塩　　量	代　米	塩1斗当米の割合	備　考
永禄9年（1566）11月10日	1石6斗	1石1斗1升	6升94	塩1升5文
― 12年（1569）2月26日	1石	1石2斗	12升	近日一段高値
― ― ―閏 5月21日	1石　5升	7斗	6升67	
元亀3年（1572）6月9日	1升3合	1升	7升69	
天正5年（1577）6月11日	3石1斗	（麦3石7斗2升）	6升25	麦1斗2升ニシヲ1斗ツヽ也
― 9年（1581）5月21日	1石4斗	6斗8升	4升86	
― 10年（1582）2月15日	2升1合	1升	4升76	
― ― ― 2月25日	2升5合	1升	4升00	今ノ様ニ安事ハ不覚
― 12年（1584）2月15日	1斗6升	1斗	6升25	郡山市へ買ニ下了
― ― ― 6月15日	3升	1升	3升33	郡山ニテ塩ヒタ100文ニ1斗2升、今年ホト安キ事ハ不可在之
― ― ― 12月25日	3升5合	1升	2升86	郡山ニテ……ヒタ1貫ニ1石5斗、如此安キ事ハ希ナル事也
― 13年（1585）2月10日	2石	5斗	2升50	
― 15年（1587）11月	1斗		（78文）	
―16年（1588）閏5月27日	4斗	（340文）	（85文）	
― 17年（1589）6月13日	3升	1升	3升33	1斗ノ代16文、大坂にて購入、計テ可見之、安事不及交量
― 18年（1590）12月18日	1斗7升	（100文）	（60文）	（58.8文）
― 19年（1591）11月7日	2斗	（132文）		（66文）
文禄2年（1593）12月			（49.4文）	
― 3年（1594）6月			3升33	
― 4年（1595）2月13日	2升	1升	5升	
慶長4年（1599）4月15日	3升	1升	3升33	
― ― ― 5月12日	2升6合	1升	3升85	

を試みよう。

奈良で多聞院が購入する塩は、天正五年（一五七七）頃までの塩価には殆んど変化はみられず、塩一斗の代米は六升代から七升代であった。これは塩座を中心とした奈良の塩流通機構に、大きな変化が生じていなかったためであろう。塩価は天正九年（一五八一）から四升代に降下し、天正一〇年には記録者である英俊をして「今ノ様ニ安事ハ不覚」といわしめている。これは寺社勢力の瓦解、新儀商人抬頭、関所・関銭の廃止が原因となった現象であろうか。さらに郡山では天正一二年以降三升～二升代に下落しているが、これは秀吉の弟秀長が大和の中世的諸関係を打破する意図をもって、その城下町郡山の繁栄を計ったためであろうか。英俊は「今年ホト安キ事ハ不可在之」「如此安キ事ハ希ナル事也」と驚いている。天正一三年（一五八五）二月には米五斗をもって二石の塩を求めることができたのである。天正一七年（一五八九）には大坂まで塩を買いに人夫を派遣しているが、これは当年乃至それ以降大坂の塩価がかなり奈良・郡山より安価であったことを示している。このことは秀吉の城下町となった大坂が、全国的市場としての活動を開始し、商品流通上の優位性をあらわしてきたためと理解すべきであろうか。

中世の没落、近世的諸構造の形成が斯様な塩価低落現象を誘起したようであるが、新構造の形成のなかに、瀬戸内海の塩の生産構造の進化を含めておく必要があろう。即ち発達したデルタを利用した古式入浜塩田法の普及による塩の生産量の増大である。

＊参考引用文献―中部よし子「織豊政権期の塩流通について」（『塩業時報』二〇三号）、豊田武『中世日本商業史の研究』

近世にはすべての製塩法が出揃う

近世にいたると、古代・中世の製塩法と推定されるものが、衰退・萎縮しながらも、発生時からの形態のまま、あるいはその残影を伝えるものとして史料的に認められるようになり、またこの時代に新しく塗浜・入浜塩田・塗浜的入浜・淋乾法、石釜・鉄釜、石炭焚竈が加わって、日本の殆んどの製塩法が出揃うこととなる。それらを分類すると次の如くなる。

近世における製塩法の分類

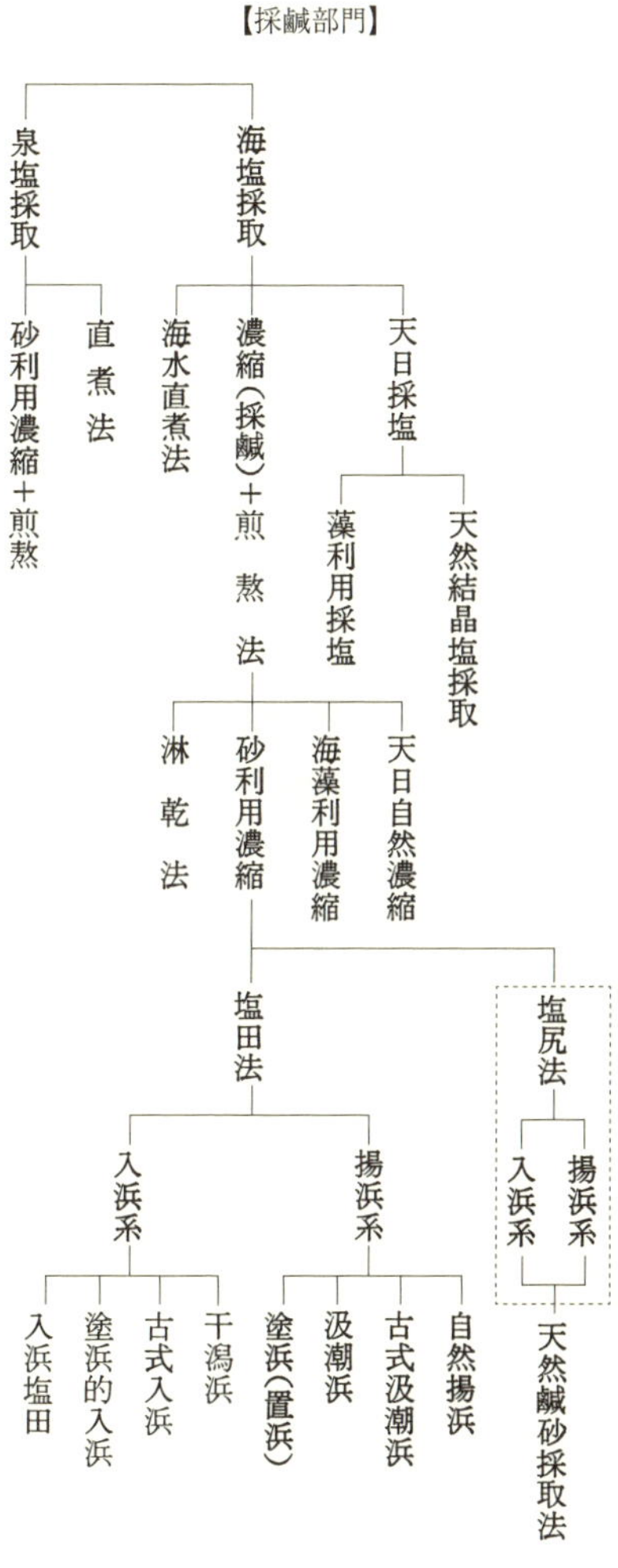

各種塩田の生産力の比較

区分／塩田の様式	平均単位面積（坪）	年間採鹹日数（日）	労働力（人）	一日一人当り採鹹量（石）	鹹水一石当り労賃（銭）	結晶塩量／鹹水量	反当り製塩量（石）
自然揚浜	224	77	2.8	0.5	29	1／4	57
古式汲潮浜	300	120	2.7	0.7	17	1／3	108
汲潮浜	100	120	2.7	1.0	15		166
塗（置）浜	332	89	5.0	0.9	19	1／4	86
古式入浜	627	76	4.0	0.9	21	1/3.5	59
塗浜的入浜	3473	60	10.0	?	21		
入浜塩田（瀬戸内）	5676	117	13.0	2.4	10	1/2.5	128
入浜塩田（九州）	5225	95	16.0	2.4	9	1/3.8	93

（『大日本塩業全書』その他により作製）

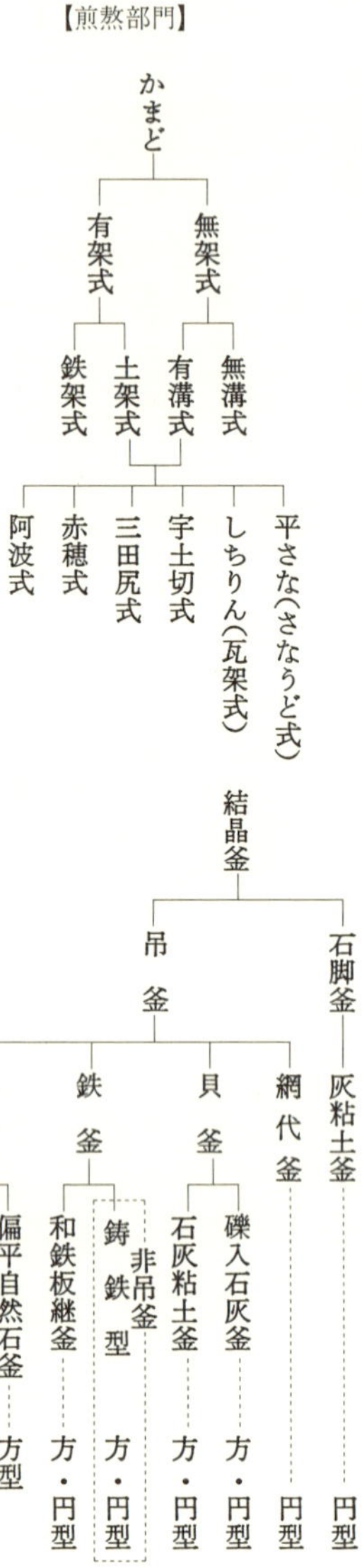

また各種の塩田の生産力の比較を基礎資料として（上表）、塩田法の発達を推定すると次頁のようになる。

塩田法の発達推定表

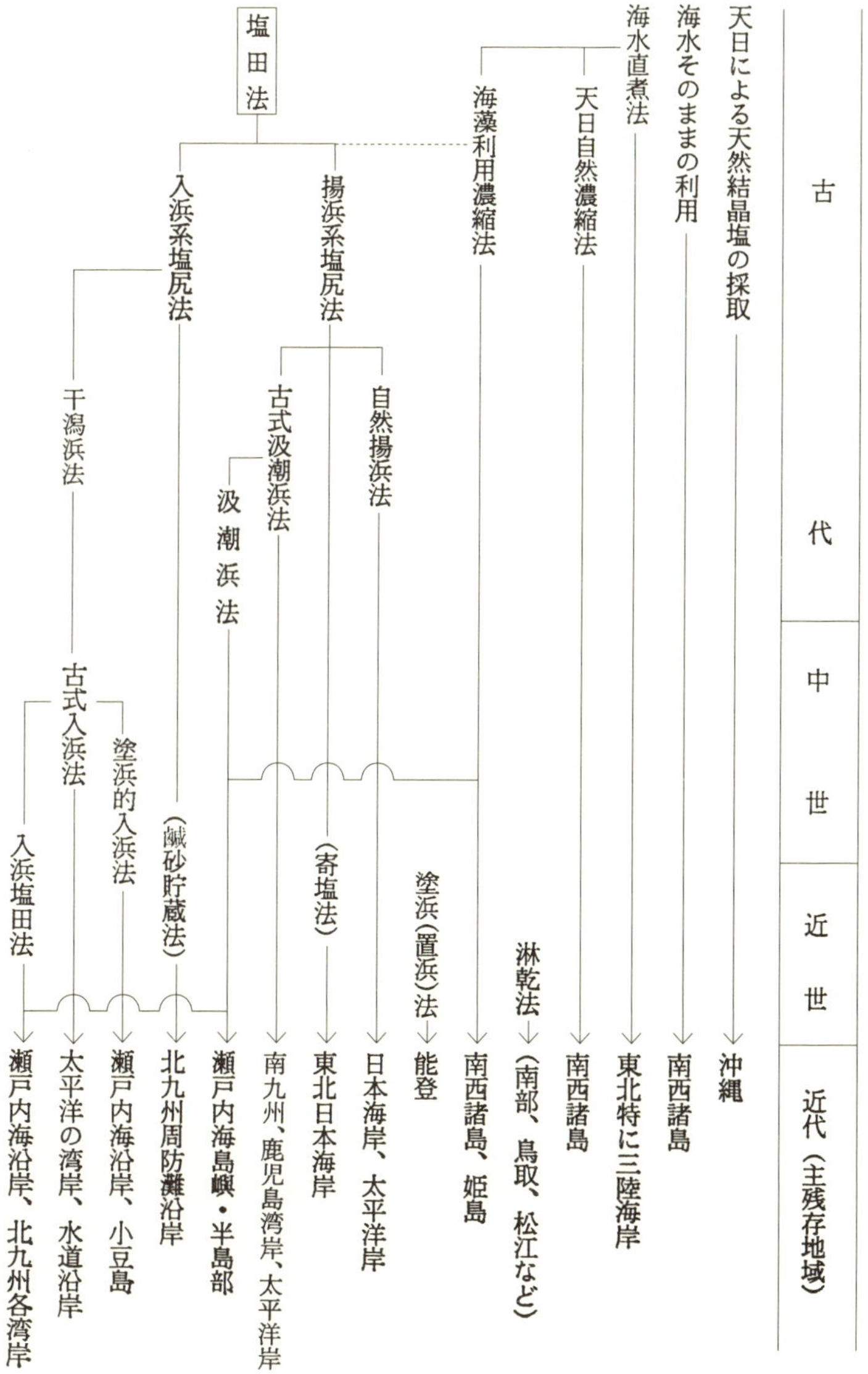
古代
中世
近世
近代（主残存地域）
天日による天然結晶塩の採取
沖縄
海水そのままの利用
南西諸島
海水直煮法
東北特に三陸海岸
天日自然濃縮法
南西諸島
海藻利用濃縮法
南西諸島、姫島
淋乾法
（南部、鳥取、松江など）
塗浜（置浜）法
能登
塩田法
揚浜系塩尻法
自然揚浜法
日本海岸、太平洋岸
（寄塩法）
東北日本海岸
古式汲潮浜法
南九州、鹿児島湾岸、太平洋岸
汲潮浜法
瀬戸内海島嶼・半島部
入浜系塩尻法
（鹹砂貯蔵法）
北九州周防灘沿岸
干潟浜法
古式入浜法
塗浜的入浜法
瀬戸内海沿岸、小豆島
太平洋の湾岸、水道沿岸
入浜塩田法
瀬戸内海沿岸、北九州各湾岸

三陸海岸では海水を直接煮つめた

海水直煮製塩分布の最も稠密な地域は東北地方であったが、近世を通じて漸次日本海岸のそれが消滅し、三陸海岸は増加した。この地方はリアス式海岸で砂浜が少なく、気候は寒冷、短い夏も霧に覆われることが多く、日照時間も少ない。したがって塩田法には不適である。またそういう条件は農耕にも不向きであり、そのため塩を作って後背地の農山村の食糧と交換しなければならなかった。またそういう地域の後進性は東廻り航路の寄港も少なくしていた。

この地方の製塩設備の主体は煎熬釜であるが、海水直煮釜は菅江真澄の「津軽の奥」にみられるように、帆立貝・あかざら貝などを焼いて灰にし、それに海水を注いでねり、釜に仕立て、吊釜としたいわゆる貝釜が先行し、次いで鋳鉄釜が用いられたようである。しかし鋳鉄釜は、大量の海水を一度に煎熬できるような大型釜の鋳造と、その運搬の技術の問題から、まもなく和鉄板鋲留継吊釜に移行したようである。この釜は『大日本塩業全書』には、「其構造ハ長サ一尺二寸、幅五分五厘《（五寸五分カ）》、厚サ一分五厘位ノ和鉄（三六〇枚—筆者注）ヲ鉄鋲九千七百二十本ニテ継キ合セタル径一丈二尺、深サ五寸、不正円形……尚又釜底ニハ釜ノ釣金ト称シ、二十一本ノ鉄棒ノ鈎ヲ附シ釜上部ノ釣木ニ吊シ」とある。田村善次郎はこの型の釜の出現を元禄ころと推定している。釜の製作費は一具新設で銭一四〇貫ほど、人夫は鍛冶工六人、他に一〇人、延二六〇人を必要とし、この賃銭は銭二八貫五七六文とある。

釜の経営は、煮子個人では困難であり、村あるいは釜主がこれを経営し、釜一具に煮子が一四〜一五人で、これを賃借して、交替で煎熬した。またそのうち何名かは燃料運搬を専門とする場合もあった。賃借料は、天明ころで一釜一煎の生産量一石三斗で、そのうち一回に二斗九升九合（約一八パーセント）が支払われている。燃料は藩が無償払下げして生産を奨励した。むしろこの払下げが生産を続け得た最大の条件であったろう。また釜の周辺の燃料を採りきると釜を移動したが、一七年ほどで元の場所に帰ったようである。

直煮釜の生産性について森嘉兵衛は、一釜一回の生産量一石三斗、年一七五回の煎熬で、一釜年産約二三〇石と算出している。これは仙台藩の古式入浜一〇町歩分の産額に匹敵した。明治期の場合を算出すると、石当りの燃料費プラス労賃平均一円五五銭となり、燃料を無償とすると一円一六銭となる。

八戸藩では、寛文六年（一六六六）わずか三具の直煮釜が、寛文八年からの奨励策によって、元禄六年（一六九三）には九慈通に三六具、享保一五年（一七三〇）には六七具、延享四年（一七四七）には七三具と増加し、遂には盛岡藩まで移出しうるようになった。また盛岡藩でも正保三年（一六四六）の一〇一具から天和三年（一六八三）に一二三具となりさらに年々増加したとある。これらの藩は江戸期後半には塩引用塩が領外から若干移入されるが、一応直煮法で自給できたとみてよいであろう。専売制は両藩とも化政期（一八〇四～三一）以降に試みているが、いずれも反対一揆によって潰されている。この地方の塩価は一升一五文から八〇文（内陸部）と大きな差がみられる。

南九州や南西諸島には中世以前の方法が残っていた

薩摩・大隅の海岸から沖縄にいたる南西諸島の一帯においては、揚浜系の自然揚浜・古式汲潮浜、入浜系の塩尻法・古式入浜などの塩田法がみられ、さらに海水を天日濃縮して煎熬するもの、直煮法、海藻を使って、岩の凹所に散布して天日蒸発させ結晶塩を得る方法、海岸の岩間に自然に結晶した塩を採取するもの、海水を直接に鹹味摂取に利用するものなどがあり、中世以前から日本において行なわれたと思われる各種の採塩や製塩法がみられた。

古式汲潮浜の存在が確認される所は鹿児島湾岸のみであるが、ここと自然条件が似た湾岸にはかなり存在したと思われる。古式汲潮浜は満潮位以上の地盤に、浜砂を六分《（六寸）》の厚さに敷き、その上に土砂三分《（三寸）》を重ね、木臼を転がし、あるいは足で踏み固め、上に坪当り平均七升ほどの撒砂を撒布した。防潮堤がないため大潮や波浪の被害は多く、年間七〇～八〇日を地盤修理に費した。溶出装置は固定され、沼井の形態をなすが、三〇〇坪（一経営単位）に一台であった。作業の特長は、撒潮量が多いことで、その量は二回にわたって約一五〇荷、坪当り一斗を地盤に注いだ。この潮をワタリと称したが、この海水が毛管現象で撒砂面に上昇してくるような構造であったと思われる。撒潮のあとで撒砂を撒布し、この上にさらに柄杓で撒潮した。約八時間乾燥させて集砂し、溶出採鹹した。煎熬は南九州独特の網代釜を使用した。労働は家族労働で、一反歩に男二、女一を基準とした。乾燥待ちの八時間が農・漁などの兼業にあてられた。明治期の報告ではあるが、採鹹日数は七二日、一日一人当りの採鹹量は七斗、反当り製塩量は一〇八石、一石当り労賃プラス燃料費は一円一六銭であった。

塩田法によらない製塩法としての、海水天日濃縮→煎熬という方法は、海岸の岩床のくぼみを利用して太陽熱と風で蒸発させ、濃厚となった鹹水を各家へ持ち帰って煎熬するもので、沖永良部島などで行なわれた。また乾燥して結晶塩分が付着した藻を、海水を入れた桶や岩のくぼみに浸して、濃縮する方法も与論島でみられた。直煮法は種子島や徳之島で行なわれた。岩床の凹部に藻で海水を撒布し、天日で結晶させ、一日で三合ばかりの塩を得る方法も与論島にみられ、沖縄では岩の凹部に打ちあげられて溜った海水が、自然結晶しているのを採取する人もあった。また奄美大島や徳之島では海水を直接調味料として用いるものもあった。

もちろん近世を通じて塩田法の伝播もあった。元禄年間に沖縄島に薩摩の古式入浜法が伝わり、これが明治末には約一〇〇町歩に達し、種子島では安政三年（一八五六）以降直煮法から塩尻法へ、さらに古式入浜法に達した例もみられる。しかし薩摩・大隅から沖縄に至る地帯では、製塩可能な海浜で、可能な方法で自給的生産を行なっていた。薩摩・大隅地域における塩の交易慣習をみると、氏族内分業の残影ではないかと思われるような交易がみられた。

この南九州〜沖縄地域の生産量を推定してみよう。薩摩藩における塩田面積の掌握は困難であるが、明治末に約二二〇町歩であるから、仮に近世では一五〇町歩とし、反当り最低四〇石の生産と見積っても、その産額は約六万石となり、藩の自給はほぼ可能であったと推定される。飫肥藩では約二〇町歩、高鍋藩も約二〇町歩と推定され、合せて一万六〇〇〇石、沖縄や周辺諸島を合せて約七〇町歩で、生産量を約三万五〇〇〇石とすると、この南九州〜沖縄一帯で最少限約一一万石の生産が推定される。これはこの地域自給可能の数量である。

塩価は、米一に対し塩一（入来）、籾一俵に塩一俵（市来）、籾三斗に塩四斗（大隅）とあって、それは中世の塩価に似ていることがわかる。

日本海岸では自然揚浜法が一般的であった

日本海岸では、自然揚浜による製塩形態が支配的であった。近世初期には東北地方に海水直煮法や、揚浜系塩尻法すなわち天然鹹砂採取法がみられ、北陸・山陰では自然揚浜法が中世より継続して行なわれていた。

海水直煮法は津軽から出羽・佐渡などで行なわれていたが、揚浜採鹹に可能な砂浜のある地域では自然揚浜法に移行したようである。海水直煮法は菅江真澄によれば「寄来る浪をくみて筧になかし、貝釜におとしいれて塩やきたり」とあって、別項の三陸海岸のそれと同じである。天然鹹砂採取法の記録は秋田出戸村にみられる。二二軒の村が四里半（約一八キロメートル）にわたる海浜をもち、その砂浜で最も乾燥して、塩分付着のよい鹹砂を採取して、適当な場所で溶出し、これを其の場において、持参した鍋で煎熬した。これを寄塩と称したが、鍋は一斗二升入りのもので、一日三回の煎熬で四斗三升、年間七〇日の作業によって、村全体で四斗俵一四五三俵を生産した。ここの塩価は一升九文程度であった。

自然揚浜法とは、人工を加えない天然の砂浜を塩田として採鹹する揚浜系の塩田法である。この型の塩田は、その面積が大は五四〇歩から小は二四歩、平均約二二〇歩を一経営単位としたが、一般的にその砂浜の用益権は曖昧で、流動的であった。採鹹期の家内労働力との関係でその使用面積が定まるというような形態が多かった。従って自給的・副業的なものであった。当然そこには採鹹用固定設備はなく、溶出装置も移動〜組立形式のものであった。基本的な工程は、当日午前に撒潮して、午後に砂が乾燥して塩分が砂に結晶すると、その鹹砂をガワ（曲物）あるいはザルに入れ、前日の二番水と海水を注入して鹹水を滴下させ、これを貝殻粉粘土釜あるいは鋳鉄円型釜で煎熬し採塩する。採鹸期は六・七月（旧暦）を中心とし、労働は家族労働によったが、初期には若狭のように下人労働が残っているところもあった。労働の主要部分は海水汲揚～運搬～撒潮にあった。この労働が省かれる入浜塩田と比較すると、労働一人の分担面積は、入浜塩田三〇〇坪、自然揚浜で七五坪となる。明治期の史料によると、年間採鹹日数は五二日、一日一人当り採鹹量六斗八升、反当り製塩量四五石二斗一升、一石当り労賃プラス燃料費は一円八五銭となる。

日本海岸のこのような自然揚浜は、能登の塗浜地帯と越後・高田地域を除いて、近世を通じて―寛文・延宝期（一六六一～八一）から衰退していく。その理由としては、森林濫伐による燃料補給の困難（秋田・庄内・若狭）、海浸や波浪による荒浜化（秋田・鳥取）、下人労働の消滅（小浜）、瀬戸内塩の進出（津軽・秋田・鳥取―延宝、庄内・村上―寛文）などがあげられる。

越後―高田藩では盛んに生産が続けられ、犀浜通では天和二年（一六八二）頃二五二の塩取場が存在しており、それ以降も例えば、三ツ屋浜では天和二年から天保九年（一八三八）にいたる間に、漁業を廃業して、製塩とそれの輸送・販売を主業とする村に変身した報告もある。こうした存続の理由は燃料が無償供与であったため、生産コストが一升一二文と安くなり、十州塩の価格に対抗できたことと、また高田―新井―富倉峠―飯山―飯山平・善光寺平という後背地市場をもっていたことにあったと思われる。

また十州塩の進出に日本海岸諸藩は手をこまねいていたわけではない。津軽藩では貞享二年（一六八五）入浜塩田干拓のための検分を行ない、元禄一五年（一七〇二）には貝殻粉粘土釜から鉄釜への技術転換をはかり、宝暦八年（一七五八）には青森湾大浦に塩田造成計画を立て、天保元年（一八三〇）には播州赤穂へ塩技伝習のために人を派遣する申し入れもしている。秋田藩では元文～宝暦（一七三六～六四）ころ藩より製塩資金の貸付けを行なった例もあり、文政年中椿村に塗浜塩田を築造したりなどしている。舞鶴では入浜塩田法の導入を試み、鳥取藩では安政六年（一八五九）松永流の入浜法を導入し、万延元年（一八六〇）には伊王野浩斎が西洋流製塩（枝条架法）の実験を行ない、松江藩では天保三年大根島に九州の入浜技法と石炭焚法を導入し、また杵築でも同様な開発をしている。浜田藩都野津では文化ころに「天然車」と称する撒潮車を工夫し、車側の穴から海水を撒灌する方法を行なったりしている。しかしいずれも失敗ないし永続しなかった。自然浜による製塩は高田藩を除いて衰退ないし消滅していった。

太平洋岸の海湾内では古式入浜法が行なわれた

磐城海岸から鹿島浦・九十九里浜・相模湾岸・駿河湾岸・遠州灘海岸・土佐湾岸に自然揚浜法がみられた。日本海岸のものと大同小異であるが、明治期の史料によると、自然条件の差異から、採鹹日数が平均八二日と日本海岸より約三〇日多く、したがって反当り製塩量も二七石多い七二石となっている。しかし一石当りの燃料費プラス労賃が二円七銭と二二銭も高くなっている。ここも近世を通じて衰退し、平藩では直煮法と合せて領国沿岸部の需要に応ずるのみであり、水戸藩では最盛期の三月〜九月は砂浜は網干場となって塩浜は縮小され、九十九里浜も自家用と生産者自身の内陸部への振り売り用にとどまった。駿河湾も近世中期以降製塩の記録は殆んどみられなくなり、自家及び近隣集落の需要に応ずる程度となった。高知藩でも全海岸にそれがみられたが、近世を通じて産額は漸減しており、また海浜の製塩に最適の部分は漁民に占有されるという事情で、領内需要の五〇パーセント程度の生産であった。

太平洋岸の海湾内には、入浜系塩尻法の残影形態を交えて、古式入浜が存在した。大船渡湾・気仙沼湾・仙台湾・松川浦・八沢浦・江戸湾・浜名湖・三河湾・知多湾・伊勢湾・紀伊水道紀州沿岸小湾・高知入江・豊後水道各小湾などである。

入浜系塩尻法というのは、古式入浜の防潮堤のないものをいう。すなわち満潮面よりやや高い砂州か、干潮時に干あがる砂州を利用して採鹹する塩浜であり、江戸湾内の金沢の入江で行なわれたものなどがそれである。

古式入浜というのは、入浜系塩尻法を行なう砂浜を、小規模で粗雑ではあるが、また自然堤防を利用したりして、防潮堤で囲んだものであり、したがって基本的には、堤の内部では、干満潮に関係なく採鹹作業ができるという塩田であるが、防潮堤は完全なものではなく、海水を導入・排水する樋も機能が不完全であり、内部の砂浜も二畝・三畝などと一筆面積が小規模であり、しかもこれら一筆の地盤に高低があったり、また低いものは独自の畔程度の土堤で囲んだり、高いものは干潮時に海水プール（浜溝）の海水が流失しないように堰止めたりした。砂浜の所有（経営）は、このような分散錯圃的形態で、合せて約二反ほどを経営し操業した。この塩田二反ほどと水田二反ほどを合せて一戸の再生産が可能であった。当然煎熬釜は数人の共同所有で、中世伊勢でみられた「寄浜」的形態が残存していた。

このような古式入浜は、入江の州とか、河口のデルタあるいは砂嘴で囲まれた干潟などに存在した。したがって、塩尻法に接したものから入浜塩田に近いものまで、地域、場所によって区々であった。しかしいずれも入浜塩田に発達する構造的条件は備えていた。また仙台藩や天草などでは逆に入浜塩田法を導入開発しながら、これを分割して古式入浜として経営するようなものもあった。

古式入浜の経営を明治期の史料によってその平均的な数字で示すと、年間採鹹日数は七六日、一日一人当り採鹹量は九斗三升、反当り製塩量は五九石、一石当り燃料費プラス労賃（家内労働ではあるが）は一円四九銭となる。因みに入浜塩田のそれは、山陽平均六三銭、四国平均七〇銭、九州平均八七銭であった。

能登では岩石浜に塗浜（置浜）を作った

能登半島と敦賀湾に塗浜と称する揚浜系塩田が存在した。塗浜は漁業にも自然揚浜にも不適当な岩石浜と、周辺の豊富な燃料を利用することから考案された採鹹法と思われる。出現は古いが、加賀藩では寛永頃普及したようである。

地盤の構造は、波当りの度合いによって一尺ないし三間ほども石垣を積み、内側を埋めて礫を敷き、その上に真土と砂を混ぜてはり、さらに上に粘土をはる。これを踏みあるいは打ち固めて乾燥させ、さらに粉砂を撒いて盤突で突きならし、排水性を強め、この上に撒砂を四分ないし一寸の厚さに散布した。地盤面積は一経営平均約一反歩、溶出装置は箱型移動式、約三〇坪に一台であった。釜は鋳鉄円型の形太釜・浅釜が用いられたが、これは中居のちには高岡などからの貸釜であった。採鹹期は四月～一〇月、労働には他人雇傭と分業関係が萌芽的ではあるがみられた。また経営にも小規模ではあるが企業的・商品生産的性格がみられた。明治期の平均的生産能率をみると、反当製塩量八六石、石当り労賃プラス燃料費は一円四一銭であった。

塗浜による製塩法はおおまかに次の如くである。労働は浜士一＝採鹹作業すべてを統轄指揮し、朝四時頃から夕方四時頃まで、爬砂、海水汲揚、撒潮、骸砂散布、鹹水収納など殆んど総ての作業にあたる。合取二

＝主として溶出作業にあたる。砂掻き女二＝鹹砂を集め、また散布された骸砂を爬砂する。採鹹作業は早朝四時頃浜士出勤、まず爬砂作業、続いて海水の汲揚げと撒潮、海水は一坪当り四升〜六升撒布するため、地盤面積に応じてその量を担い桶で汲み揚げ、桶に溜め、打桶で霧状に撒砂面へ散布する。終ると午後一時頃まで乾燥をまち、適当と認めると浜士・合取・砂掻きの労働者総出で、砂掻きは鹹砂を集め、合取はこれを溶出装置（垂れ槽）に入れ、前回の二番水と海水を汲み入れ、鹹砂の塩分を溶かし取る。その後、使用後の骸砂を散布し、こまざらいで、これを押し引きして均らす。鹹水は鹹水溜桶に運搬し、漸次これを釜屋の結晶釜で煮つめて採塩することになるのである。

塗浜の溶出装置図

このような塗浜を主にした加賀藩・鞠山藩の製塩は近世を通じて発展し、その一部は昭和三〇年まで続いた。自然揚浜の大半が衰退した同じ日本海岸で、これが発展した理由としては、生産性が高く自然揚浜の反当り生産量約四五石に対して約二倍、生産費の労賃プラス燃料費も石当り四一銭も安かったということ、特に加賀藩の場合はこれに専売政策がからんだということがあげられる。

加賀藩での塗浜製塩の展開は次のようである。寛永年間（一六二四〜四四）、中央市場の未成熟段階において、年貢米を領内で販売せざるを得ず、塩士にそれを塩手米として貸与し、総産出塩を収納する仕組みを作り、その収納塩を領内に供給し、さらにその余剰を出羽・越後地方に移出した。この方法は西廻り航路の開発〜確立（正保〜承応頃）により、十州塩が流入して一時衰退したが、寛文二年（一六六二）に再興され、十州塩の移入を厳禁し、貸釜と塩手米仕法によって、生産・収納・配給〜販売を一元的な統制下におく強力な専売制度を確立した。しかも安永期（一七七二〜八一）を経過すると、十州休浜による塩の供給減となり、元禄頃から十州塩市場となっていた富山市場を能登塩が支配するようになり、そこから流入していた飛騨北半の市場をも確保し、ために塗浜による増産が要求され、さらに越後・奥羽・松前にまで進出するようになり、約一〇万石以上の剰余塩を販売するようになった。塗浜面積は延享・寛延（一七四四〜五一）頃には約二〇〇町歩、幕末に向ってさらに増加し、約四〇〇町歩にもなったと推定される。

＊参考引用文献―専売局『大日本塩業全書』第一〜第四篇、下出積與『能登の塩』、拙著『日本製塩技術史の研究』

塩談5　鯛の浜むし

〽三崎山には蛇がおるそうな

ホラ　蛇ガオルソーナ
大けな蛇やそーな　ホイホイ
嘘ぢやそな　面白や
イヤノーヒヨウタンヨ　ア丶ヨイトヤ　ヨイヨイ

これは赤穂東浜塩田の労働歌「浜すき歌」の一節であるが、この囃の「イヤノーヒヨウタンヨ」というのは、豊臣秀吉の旗印である瓢箪を誹謗したものと伝える。

秀吉は朝鮮出兵に際し、瀬戸内一帯から水夫を多く徴発した。このために赤穂では秀吉をきらって、このような囃ができたという。徴発されることを嫌って逃散する者も多かったが、赤穂中村の漁師が老婆をかかえて逃散もできず一計を案じて、秀吉軍に携帯食として魚を献上して許してもらおうと考えた。

赤穂の塩田では、浜男が浜溝で雑魚を取って、これを取りあげた熱い（約一一〇度）塩の中へ入れて、魚の塩むしを食べていた。これなら携帯食にうってつけだと、自分の取った魚を、臓物《はらわた》をぬいて、塩田に運んで塩むしにしてもらい、秀吉の宿舎になっていた那波（相生市）大島山万福寺に持参した。これが部将たちに喜ばれ、秀吉のために鯛のそれを作るよう命じられた。もちろん徴発を免ぜられ、さらに西下する軍の携帯食を納入することとなり、にわか分限になったという。これが鯛の塩むし（浜むし）の始まりというが、西下軍が各地の塩田にも作らせたため、これが瀬戸内の名物となったと赤穂ではいう。

明治専売制の施行によって、これは厳しく禁じられることとなったことはもちろんである。

東北では山奥でも塩を作った

猪苗代湖を中心とした一帯に塩泉を煎熬する製塩が行なわれていた。

文化六年（一八〇九）序の『新編会津風土記』大塩村の条に「塩井二、村中大塩川ノ北大橋ノ東西ニアリ、東ノ井筒周一丈三尺、西ノ井筒周一丈五尺、共ニ深一丈余……塩水岩中ヨリ涌出スト云、今モ塩ヲ焼テ業トスルモノアリ」とあり、『半日閑話』もこの塩について「山中にして塩を焼事奇妙といふも愚かなり。壺に入れたる焼塩此の処より出る。例年会津の守護より公方様へ献上あるとなり」といい、古川古松軒はその『東遊雑誌』に「此処へ行ず残念なり」と記している。

『塵塚物語』はその近くの塩川の塩泉について、空海の「呪力を以て塩を湧せしめ……」とのべ、会津の西方一八里の塩沢村においても『新編会津風土記』は「塩井、村中塩沢川ノ東岸厳穴ノ間ニアリ、周六尺余深一丈、傍ニ塩焼小屋六軒アリ、村民常ニ農隙ヲ以テ井水ヲ汲ミ煮テ塩トナシ、他村マテ鬻出ス、塩ノ味ヒ軽ク色白シ」と記し、『結耗録』もこれをのべている。この製法は明治末まで続いたようで、明治三六年の主税局の調査報告に「生産高一八石」とある（『塩専売史』）。

日光山の北方にも塩泉があり、ここでは涌泉そのままを用いたようで、『甲子夜話』に「野州日光山の北七八里に栗山という温湯あり、この山に小洞あり、滴り出る水塩味あり、食物に用うれば焼塩に不殊《（異）》と云」とあり、また『諸国里人談』にも、「焼かずしてその儘につかふに甘い焼きたる塩のごとし」といっている。

米沢では小野川温泉から採塩したが、ここでは塩泉を塩田法で濃縮している。『回国雑記標注』には「米

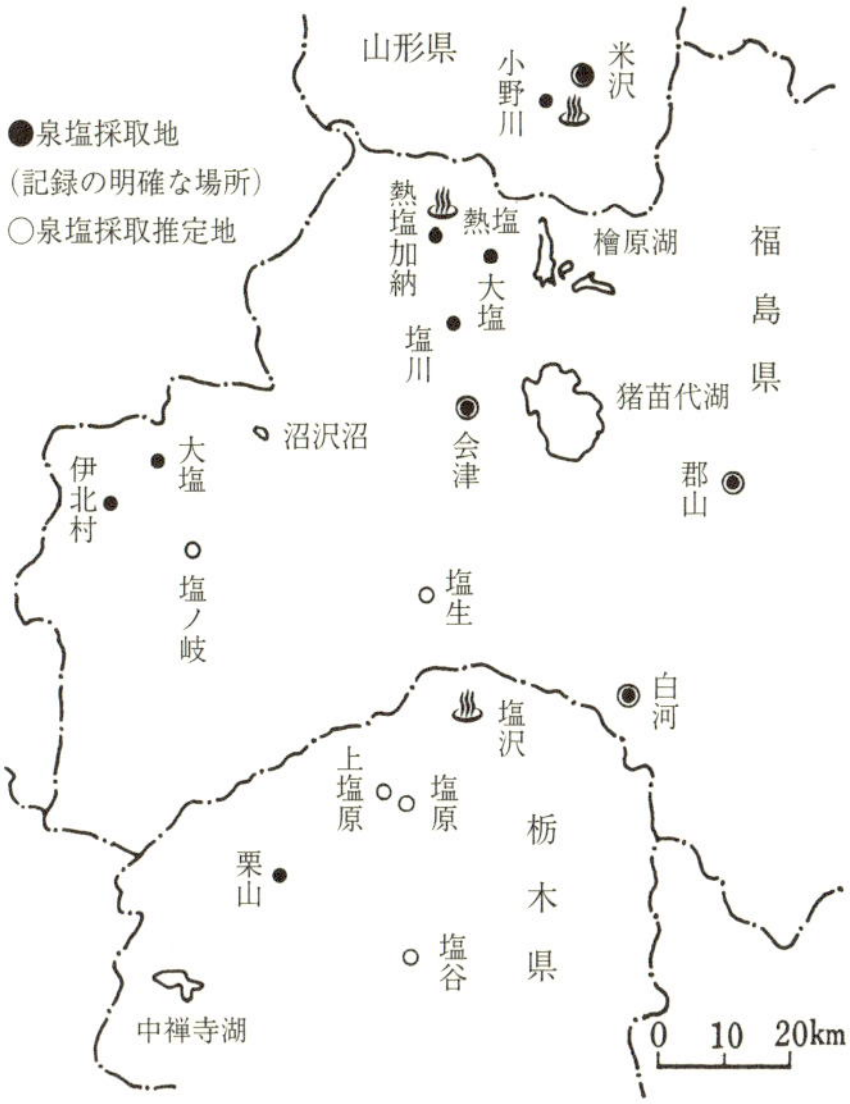

猪笛代湖周辺泉塩採取地・採取推定地

沢城より一里斗此方に小野川と云あり、此地に又塩温泉あり、浴治の人多くて一村みな是を以て業とす、此村にても米沢侯より仰て塩を焼せられる。其製会津とは異なり此村は何所を掘ても皆湯の出る地なる故に、平地に砂を敷置てさし汐の刻に至れば、此砂に潮を十分にふくむを待て砂を掻き集めて製し塩に焼也」と説明している。この塩泉濃縮方法は、仙台の入浜式塩田のそれを導入したようで、『鷹山公偉績録』に「仙台よりその制に巧なるものを召寄せ、伝授せしめられければ……」とある。また『小国町史』によると、上杉治憲の寛政期の藩政改革で、小野川での製塩とともに西置賜郡の小玉川でも製塩を行なっている。

この地方の製塩には、汲みあげた塩泉を直煮するものと、砂による濃縮→煎熬するものの二法があった。直煮法には、径三尺余、深さ七寸ほどの銅釜あるいは鉄釜・唐金釜などを用い、薪を燃料とした。慶応元年の田村豊五郎の「覚」(『小国町史』)によると、釜一基の生産量が、塩泉二石四斗五升を煮つめて食塩一升九合(歩止り〇・七パーセント)を得られるといい、燃料費を無償とすると一升一一〇文ほどの生産費となり、これを町場で売れば一二四文得られることとなる。但し燃料費を算入すると一升三〇一文の生産費となる。

濃縮工程をともなう小野川の方法は、浸出する塩泉を砂が含み、日光と風が水分を蒸発させ、乾燥した砂に付着した塩分を塩泉で溶出し、濃度を高めた塩泉を煎熬したと推測される。恐らく入浜式塩田のような毛管現象を利用する方法であったであろう。

なお塩泉、石塩について『倭訓栞』『越後野志』などが各地のそれを記し、『塩専売史』は明治末期長野県大鹿村で年間一石の生産を報告している。

製塩にはどのような鉄釜が用いられたか

鹹砂を煎熬する釜の種類については前に表示したが、形態からいえば円型と方型、質からいえば鋳鉄と和（鍛）鉄とに分けられる。近世においては、鉄釜の使用は全国的にみられるが、東北地方太平洋岸は和鉄板鋲継釜、能登を中心とする日本海岸と関東から四国に及ぶ太平洋岸は鋳鉄円型釜、瀬戸内沿岸には石釜と共存の形で鋳鉄方型釜が分布する。九州沿岸の鉄釜については不詳であるが、明治期には、周防灘沿岸で鋳鉄円型釜の口辺部に、曲物または桶側を組み合せて、容量を多くした釜が存在した。

鋳鉄釜は、その形態が小深型から大浅型に進歩している。蒸発効率についての経験によるものであろう。また日本海岸や太平洋岸では、一般的に焼貝殻粉粘土釜（貝釜）から鉄釜に移行し、瀬戸内を中心としては貝釜から石釜に移行したようである。

鋳鉄円型釜の分布は、日本海岸では能登を中心としているが、これは中居を中心とした鋳鉄の特産、塗浜による採鹹法の発展、領主の塩業政策（貸釜方式）などと関係があろう。また和鉄板鋲継釜は、東北とくに太平洋岸の素水煎熬の釜として発達したものである。直煮の海水はもちろん採取した鹹水の濃度が低いため、

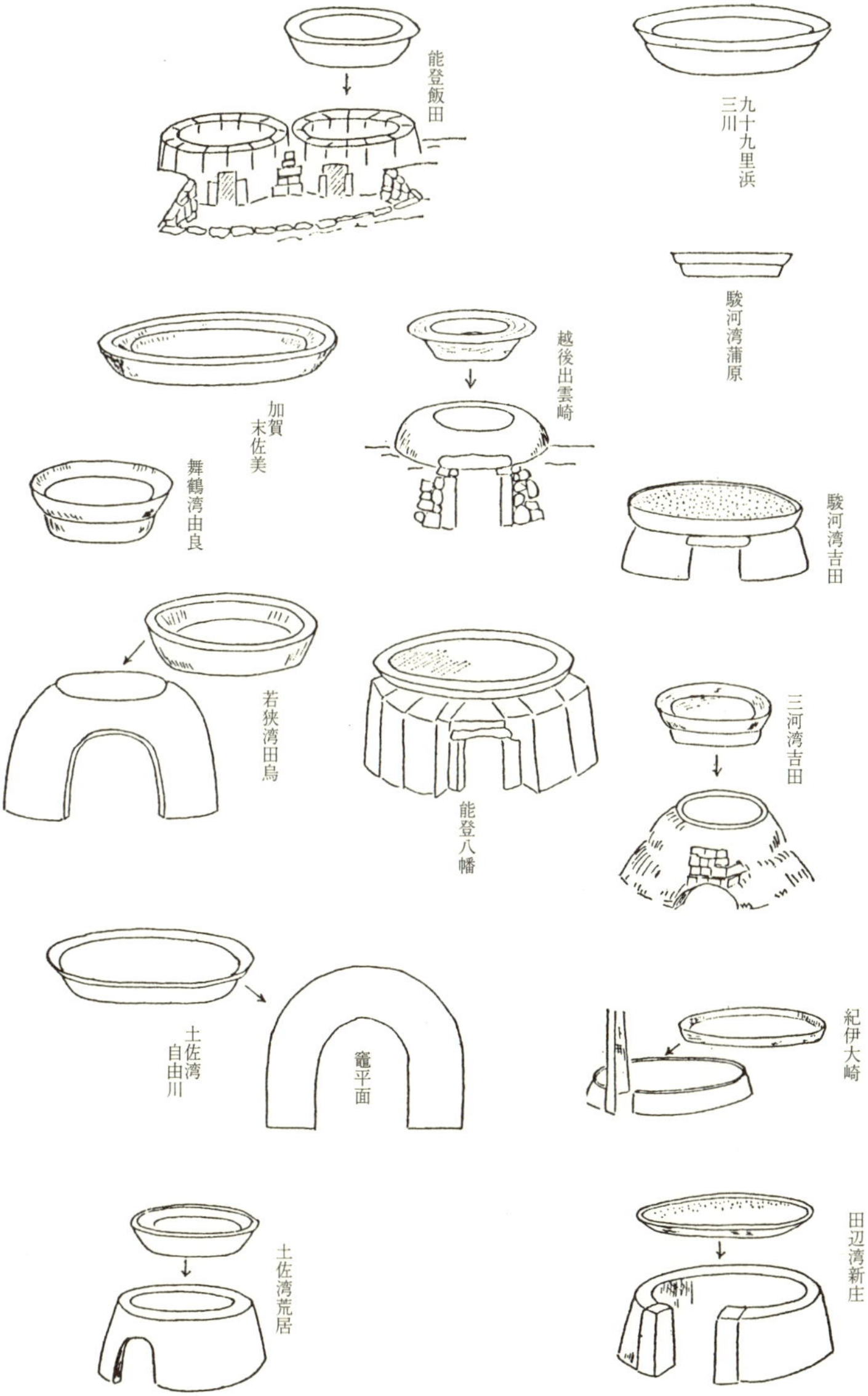
能登飯田
九十九里浜三川
駿河湾蒲原
加賀末佐美
越後出雲崎
舞鶴湾由良
駿河湾吉田
若狭湾田烏
能登八幡
三河湾吉田
土佐湾自由川
竈平面
紀伊大崎
土佐湾荒居
田辺湾新庄

鋳鉄円型釜の形態

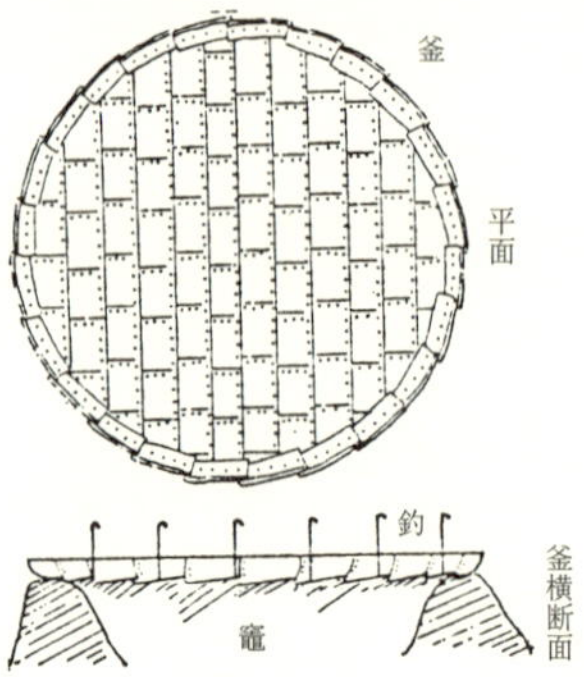

盛の釜と竈

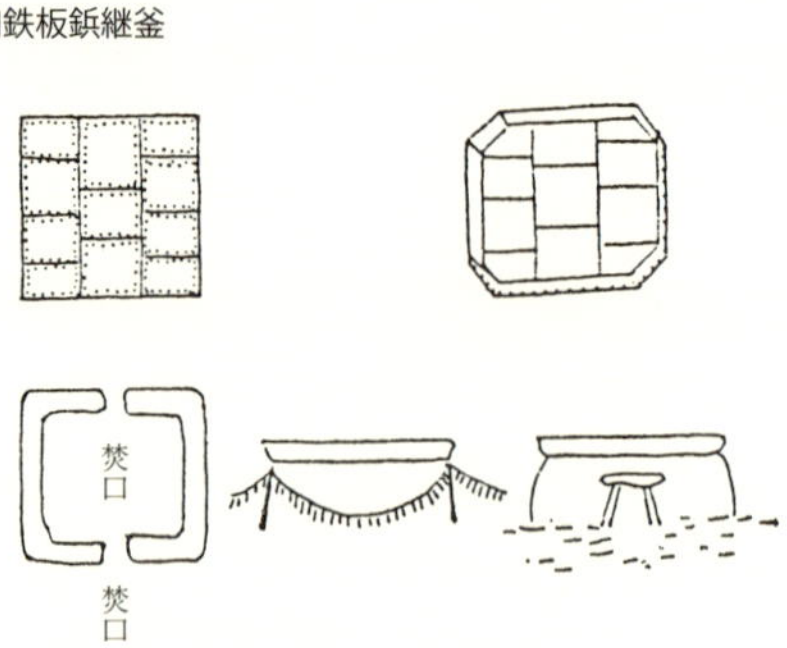

松ヶ江の釜と竈

どうしても大型釜が必要となるが、大型釜を鋳造した場合はその技法と製品の運搬の技法的な制約を受けることになるため、その場で組み立てられる鉄板継釜の工夫となったものと思われる。鋳鉄方型釜は石釜と共存し、しかも石釜より良質な塩を生産し、煎熬能率もよく、石釜と比べて釜・竈を築調する技法も、煎熬技法も高度なものを要求しないにもかかわらず、これが明治末期にならなければ石釜を駆逐することができなかった。近世における塩業資本の不足、鉄の非大衆性（コーラー＝硫酸カルシウム除去の問題も含めて）がその条件となっていたものと考えられる。近世製塩量の約九〇パーセントが瀬戸内沿岸であり、それの殆んどが石釜煎熬によるものであったということは、近世の塩煎熬釜はやはり石釜が主体であり、鉄釜はその代用品であったといわざるをえない。

煎熬の燃料は、直煮釜以外はいずれの釜も粗朶または松葉、雑木などで、火力の強烈なものをきらった。結晶の大きな荒塩ができるからである。但し磐城の東海岸では幕末に磐城石炭を使用している。

煎熬能率は、釜の形態・大小に多少は関係あったと思われるが、むしろ竈の構造にあった。瀬戸内の鋳鉄方型釜が、石釜より生産性が高かった理由は、その竈が石釜の竈の発達と同じ段階にあったからであろう。一般的に竈の構造としては方型のほうが発達しやすかったようで、円型釜の円型竈には進歩のあとがみられない。

明治期の史料で、鉄釜の生産性をみておこう。

鉄釜のうちでは、鋳鉄方円型釜が最も生産性は高かった。『大日本塩業全書』によると、結晶塩一石当りの煎熬労賃プラス燃料費は、伊予高近では石釜四九銭に対して三二銭、因幡陸上では、同じ日本海岸の鋳鉄円型釜の八七銭に対して五四銭。また同じ鋳鉄円型釜でも太平洋岸が一〇五銭、日本海岸が八七銭と奇異な結果が出ている。これは塗浜による鹹水比重、最盛期のみの煎熬ということと関係があるようである。

東北地方の和鉄板鋲継釜の場合は、鋳鉄円型釜の平均九三銭に対して九九銭となる。もちろん鹹水比重が低いということが基本的原因であるが、これでは採鹹労賃を加えると当地方の結晶塩一石当り一円五五銭となる（例えば大船渡では鹹水一〇度ボーメ一石の生産費一四銭、一石の結晶塩をうるためには大略四石の鹹水が必要であるから、その価格五六銭と煎熬費九九銭を加えると一円五五銭となる）。とすれば、同じ三陸地方で行なわれた海水直煮による生産費と同額となる。すなわち三陸地方では、塩田を経営して海水を濃縮し煎熬することも、海水を直接煎熬することも、その経費に大きな差はなかったということである。

鉄釜以外の塩釜にどのような釜があったか

近世の製塩釜には、石と木灰あるいは石灰（焼貝殻粉）の粘土で作られたものもあった。

○石脚灰粘土石釜（灰釜・石釜）

これは竈中に石柱を約五〇本立てて、上に笠石と称する偏平な石（長径約一メートル、短径約六〇センチメートル）を約二〇枚載せ釜底とし、これを灰を苦汁でねった粘土で塗りつめ、釜縁（深さ約一八センチメートル、厚さ約一五センチメートル）を作り、できた釜の上面と下面を焼いて固め、さらに灼熱して、苦汁を注入しながらこれを蒸発乾固させて仕上げたものである。竈は、火床に溝を造り、灰の掻き出しと通気に利用し、ま

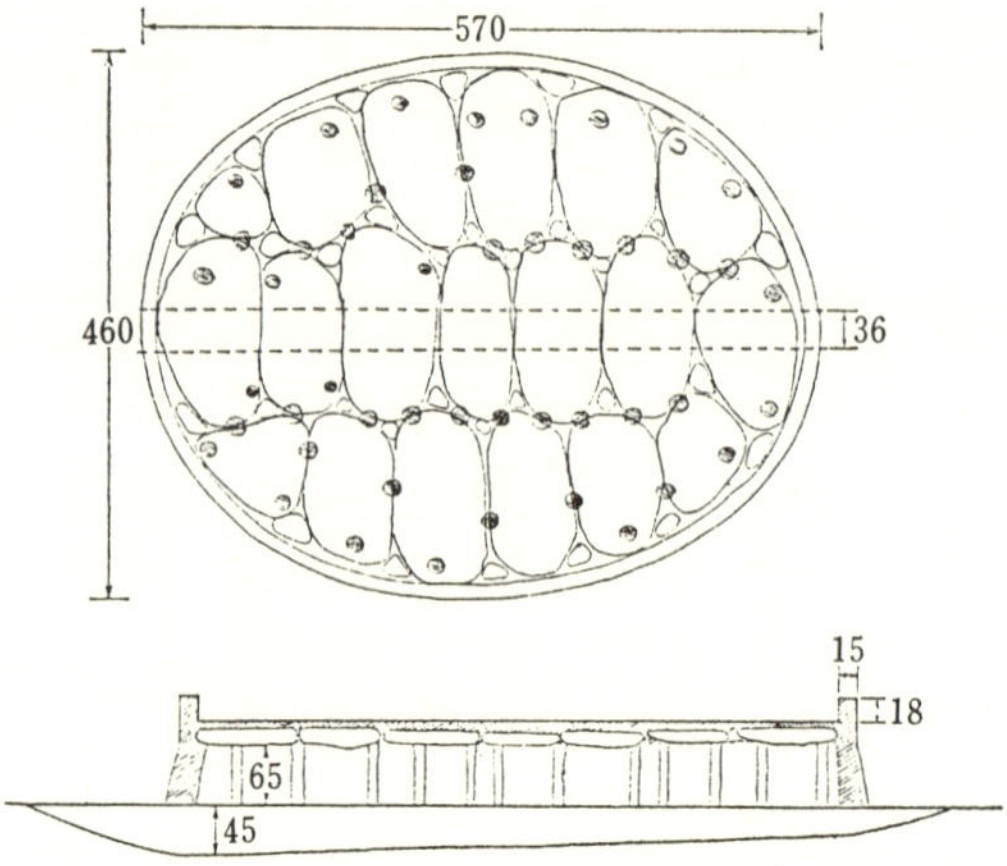

伊勢一色塩田の灰釜平・断面図（単位cm）

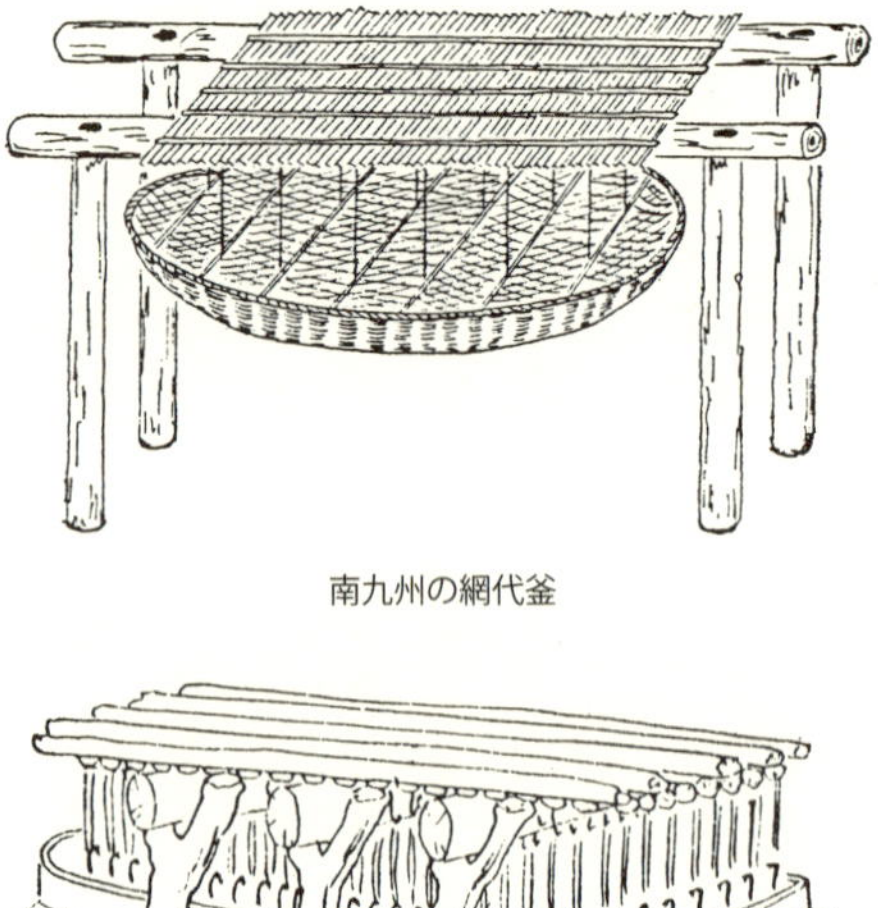
南九州の網代釜

若狭の貝釜

た焚口の反対側に裏穴を作って煙出しとする。この灰釜は石を主体としているため、石釜と称すべきであろうが、釜底上面を木灰粘土で覆ってしまうという点、吊釜形式でないという点で、入浜塩田と組み合された所謂石釜とは異なる。この型の釜は古代の国衙や権門寺社などが所有した「煎（熬）塩鉄釜」に対して、農民的荒塩煎熬釜として工夫されたものではなかったろうか。製塩釜としてはかなり古い時代にまで遡りうる形態のものではないかと推定される。この釜は約二ヶ月の使用に耐えたが、生産性は瀬戸内の石釜より劣り、塩一石の労賃プラス燃料費がそれよりも約三〇銭高くなっている。なお名古屋市星崎の製塩釜址に出土する土棒は、伊勢一色塩田の灰釜の石柱と同様に使用されたものではなかろうか。

○網代釜

鹿児島湾や天草の沿岸において明治三〇年ころまで使用された結晶釜。長径約一五〇センチメートル、短径約一二〇センチメートル、深さ約二〇センチメートルの竹籠を、図のように吊り、石灰六、細砂八、水五の割合でねった粘土を、外面・内面に塗り固めたものである。仕上げの翌日から煎熬にとりかかるが、まず最初に二斗ほどの鹹水を入れ、蒸発するに応じて漸次差し増しする。計八斗を一釜として煮つめた。この工程を一日三回くり返した。釜の耐久は約七日であった。この釜を作り煎熬する者は専門職人であり、求めに応じて巡回煎熬に従事した。次にのべる貝釜に先行する釜ではなかったかと思われる。

○焼貝殻粉粘土吊釜（貝釜）

海水直煮に使用された東北地方両岸、越後、伊豆諸島。自然揚浜と組み合された加賀、敦賀、若狭湾、駿河湾。入浜系塩田の江戸湾などに分布した結晶釜である。釜の材料は焼貝殻粉粘土、形式は吊釜である。大きさは底面一二尺（約三・六メートル）に九尺（約二・七メートル）、深さ三寸（約九センチメートル）、底の厚み一寸（約三センチメートル）ほどのものである。また底面一尺（約三〇センチメートル）四方に一本の吊鉄を植え、縄によって、釜上に設けられた小梁につるした。製作は竈側の上に板を敷き、上に藁などを敷き、その上に石灰粘土、所によっては径一寸ほどの石を混ぜて敷きつめて底とし、底と縁を焼き固め、板を抜いて底裏を焼き固め、板を抜いた竈側壁部分を粘土で塗り塞いだ。

年間煎熬日数は平均一五日、塩一石の労賃と燃料費は合せて八九銭、灰釜と比べても一一銭も高い。

この釜は海水直煮、自然揚浜、古式入浜という古代・中世以来全く進歩していない採鹹法に組み合されており、前掲の二者と共に中世以前の煎熬の実態を解明するために貴重な史料となろう。

塩談6　山窩の塩凝《しおこり》

天日製塩は本州でも行なわれたようで、山窩のそれが報告されている。三角寛は『サンカ社会の研究』において、「播磨多治郎は……一族の非常用塩を供給する塩つくりの長である。非常用塩の作り方は、海水を何百という竹筒に汲み入れ、真夏の太陽にあてて『塩凝』を作る。この塩凝は、氷砂糖のような結晶で、やゝ苦味があるが、ほんの小粒を水に溶かしても塩度が高い上に、油紙に包んでおれば夏も固形のまゝ保てるので、非常用に用意している。『セブリモノ』はお守のように所持している」とのべている。播磨は備前とともに本州で最も降水量の少ない処であるが、真夏の晴天の続く時期、何回も竹筒に海水を注加し、何日もこれを繰り返さなければ氷砂糖のような結晶は採取できなかったであろう。詳細をおうかがいすべく三角氏を二回訪ねたが、御目にかかることを得ず、今となっては確認すべきよしもない。

入浜塩田は何時・何処でできたか

入浜塩田とは、「海浜の三角洲、又は湾頭砂洲等に構築され、其の地盤は、堤防を以て処々海水の浸入を防止し、地盤面は海水満干の中位の高度を保たせ、地盤面に掘った浜溝に海水が導入される。斯くして浜溝の海水が塩田地盤に滲透し、是れが毛細管現象により、塩田面に上昇し、地盤面に散布した撒砂に付着し易いようにする。この滲出して上昇する海水が撒砂に付着し、日光と風力により水分が蒸発して鹹砂が出来るが、撒砂を天日に曝している間に海水を散布することがある。これは毛細管現象を旺んにする為めで、一名『呼び水』といわれているが、此の呼び水は、揚浜式塩田の散潮とは、全然性質を異にしている。此の鹹水を沼井台に集めて、藻垂水で洗い取って鹹水を得る」（田村栄太郎）という原理のうえに、その生産様式が次のように確立したものである。即ち幕藩体制における分業関係として、古式入浜がさらに整備され、或いはその新様式によって新しく開拓され、遠隔地間の流通のための商品生産として、農・漁業などとの兼業ではなく、その経営が専業化したものであり、従ってその経営規模は七反ないし一町五反歩を一軒（戸）前と呼ぶ単位とし、一軒（戸）前に一煎熬釜を付設した。この経営単位は生産の単位でもあり、従って雇傭労働を使役する地主手作り的な型で、年季奉公の型で賃労働を雇傭する。その結果、例えば採鹹日数年一二〇日ほど、海潮入排水樋も確実にその機能を果し、干満時間に関係なく作業が可能となり、その作業の順序や労働の分担（分業）も定型化する。そのように生産手段・労働・経営の合理化がかなりすすんでいる。そういう入浜系の塩田を入浜塩田という。

昭和 13 年頃の赤穂東浜入浜塩田

入浜塩田は入浜系塩尻法→古式入浜→入浜塩田という系譜をもち、古式入浜の一筆の面積が慶長頃（～一六〇〇～）から徐々に大きくなり、寛永頃（～一六三〇～）に姫路藩塩田において七～八反という経営規模の入浜塩田が出現し、寛文一〇年（一六七〇）頃には赤穂藩で一町五反ないし二町歩単位の干拓計画がなされている。このような入浜塩田はまたたくうちに瀬戸内全域に干拓造成されるようになった。また入浜塩田と組み合される煎熬石釜も、姫路藩において同塩田の成立に先行して出現したであろうことも推定可能である。

姫路藩において入浜塩田が出現した技術的条件は、入浜塩田干拓に最も重要である大規模な防潮堤を築造しうる石材と石工が存在し、また姫路城築城完了後の労働と技術者を、そこへ投入することが可能であったことである。社会経済的条件としては、大坂の城下町―天下の台所としての塩需要の増大、高瀬舟の開通による加古川内陸部の塩市場の拡大をあげることができる。また入浜塩田の成立は徳島藩においても、古式入浜の一筆面積の拡大からその完成までの過程を推定することができる。ここでは慶長元年（一五九六）の地震による吉野川デルタの隆起と、四国山間部より海浜部への夥しい人口移動が、その条件の一部になるという興味ある現象がみられる。

入浜塩田の労働組織とその分業関係も元禄頃（～一六九五～）には定型化し、労働用具の材料・形態・寸法なども一定化し、材料の購入先や製塩燃料、塩俵などの消耗材の仕入先も固定化している。

かくて、古式入浜が元和・慶長頃に漸次その経営の一筆面積を拡大してゆき、それは入浜塩田として寛永期にその基本的経営面積（一筆）の単位を七～八反と確立し、寛文頃までには姫路・赤穂・福山・広島・徳島の諸藩において、それの大規模な干拓が進行し、併行して在来の古式入浜も分合・合理化の方向をすすめた。さらに元禄期までに瀬戸内一帯にその様式が普及し、その過程で基本的経営単位面積はさらに合理化されて、一町～一町五反のものも成立していった。また元禄期までに瀬戸内沿岸で入浜塩田が、約一六〇〇町歩に拡大し、その生産高は、在来の汲潮浜・古式入浜と合せて約二〇〇万石となり、全国必要量の約五〇パーセントを生産するようになった。この方向はさらに進展し、幕末には全面積四〇〇〇町歩をこえ、生産高は全国の八〇～九〇パーセントを占めることとなる。なおこの入浜塩田は基本的には昭和三〇年まで変化なく存続した。

＊参考引用文献―田村栄太郎『日本工業前史』

入浜塩田はどのように干拓・造成されたか

○準備と見立―文政九年（一八二六）久米栄左衛門は坂出塩田の干拓を始めたが、それまでに彼は瀬戸内各塩田を視察し、築造方法・労働力・経営と販売・消費地の塩質の好み・燃料・廻船・貢租の形態ないし藩の収益などを調査し、現地においては地形・地質・潮流・淡水の影響・排水の便否などを観察し、一定の見取区域を定めている。このような干拓見立には領主（代官・奉行など）、投資家（在地・遠附地）、塩業者あるいは塩業関係旅商などがあげられ、このうち塩田の特性から多少なりとも製塩知識をもつものが多かったようである。

○銀主～銀策―これは塩業者見立の場合重要な問題であった。業者共同出資・在地塩問屋・周辺豪農商・醤油醸造家・彼等を通じての都市豪商が比較的多くあらわれる。周防大島に次のような史料がある。

大坂は金溜り次第大名方ニ貸附金之置場トス、北国ハ溜リ次第大船を作リ金之置場トス、阿播芸備予ト午申別而周防は溜リ次第塩浜を買求金之置場トス、故大坂北国周防ニは諸国ニ抽テ金持分限者数多有之由

○工事―形態として藩営工事、見立人自譜請、請負工事などみられるが、明白なものは少ない。具体的には築堤・潮止・埋立・撒砂搬入・沼井・鹹水槽・釜と釜屋・納屋の土建工事・用具製作などに分かれる。

○労働―領民徴発によるもの、窮民恤救を兼ねるもの、在地日雇によるもの、遠隔地専門土工（黒鍬・手永）によるものなどがみられる。

○浜分け―干拓塩田の分配ないし経営の問題であるが、投資家の抽籤による分配と直営、あるいは小作、鍬下年季中に資本の回収を終えて切売りする方法、藩営工事後切り売りする場合、領主が地主となり領民に小作させる方法など各様である。

次に入浜塩田に特長的な干拓技法をみよう。

○防潮堤の築造―入浜の干拓は、近世初期に既に干潮汀線を限界としたが、後期には大干潮時になお海面下地盤にまで進出した。築石に先だって捨石をしたが、地盤が砂土の場合は、径四～五寸の松丸太一～二間のものを打込み、あるいは台木として生松を埋め、この上に捨石高さ約二尺を置く。泥土地盤の場合は完成後の堤がすべり動くことがあるから、築石予定地に二尺ほどの厚さに砂を敷く。石垣の内側には土砂の流失を防ぐため歯朶を使う。石垣の裏の栗石の後部に防漏のため粘土を入れる。堤土の土圧と外海の水圧が均等になる部分である。満潮位より下は海粘土、それより上は山粘土を入れる。四尺厚みを理想とした。石垣勾配は外石垣五分、内三分、堤土法勾配は一割が標準で、築石法は野面積にはさみ石を打ち込んで、打付けた波がすべり上らぬものを良とした。なお荒海に接する部分には補強の二重石垣（腰巻）を積みそえた。

○海水導入・排出樋─塩田内の潮廻し（大溝）と浜溝（小溝）に、満潮を利用して新しい海水を導入し、干潮時に悪水や雨水を放流する樋で、堤防下に潮廻しの底面と同位に伏樋として構造した。これは樋門の海水遮断部分の構造によって栓樋・弁状樋・昇降樋に分類されるが、毎日開閉するため栓樋の発達が著しい。特に樋ノ子（栓）自体に工夫をこらした赤穂の指樽と蜂の子は特長的である。導入には蜂の子を抜き、排出には指樽を抜いたわけである。

○塩田地盤─入浜塩田の地盤は作業場であると同時に作業対象であり、毛管現象を起こさしめる採鹹施設でもある。上層から細砂、粗大砂粒、粘土など二層ないし三層になっている天然地盤であればよいが、そうでない場合は人工地盤を造成しなければならなかった。下層に粗大砂層約五寸、中層に荒砂層約四寸、上層に細砂層約二寸、さらに上に撒砂と同質砂層約二寸を造成し、下層の海水浸透をよくし、そこから毛管現象を起こさせ、上層でそれを調節するという地盤構成が考えられた。

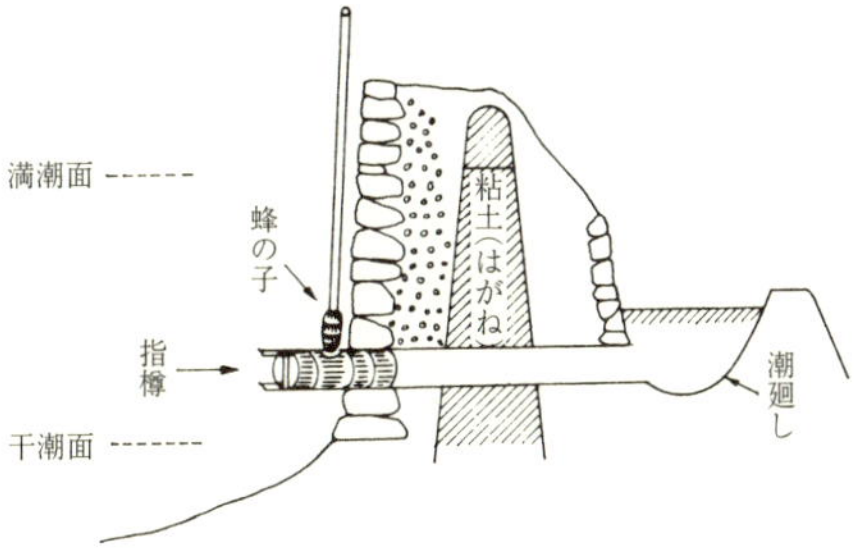

赤穂塩田の伏樋断面図

○潮廻しと浜溝─海水は、防潮堤とその内部に防潮堤にそって造った小土堤との間に造られた潮廻しに取り入れ、ここから塩田地盤を約八間幅に短冊型に仕切るように掘られた浜溝に、小土堤の伏竹管樋から導入した。この海水を地盤に浸透させたのである。

○撒砂─盤面に散布して結晶塩を付着させる細砂である。この散布量は坪当り約一斗二升平均、夏季は一斗四升、冬季は九升五合平均であった。これが二替あるいは三替使用された。砂は硬質黒色で粒の揃ったものを良とした。

○干拓工事費―一町歩当り、

元禄三年	三田尻	一一貫二七四匁
享保一八年	多喜浜東	一〇貫八七〇匁
明和三年	赤穂	一二貫八八六匁
享和三年	波止浜	一五貫二八八匁
文政八年〜	坂出	二一貫〇四九匁

と算出される。

瀬戸内十州塩田はどのように発展したか

塩業史上「十州」とは瀬戸内に臨む播磨・備前・備中・備後・安芸・周防・長門・阿波・讃岐・伊予の十ヶ国をいうが、この十州が全国製塩量の八〇〜九〇パーセントを占めていたために、十州塩業（塩田）といわれたのである。明治一二、一三年の「農商務省農事報告書」によると、

	明治一二年	一三年	塩田面積
全生塩高	四、八四八、一九九石	六、一七一、二八三石	七、一一〇町三反三畝
瀬戸内生産高	三、八五三、七九一石	四、六二八、〇八一石	四、一二一町七反六畝

となり、瀬戸内塩田面積の占める割合は約六〇パーセント、産塩割合は約八〇パーセントとなる。

十州塩業発展の条件といえば、気象条件・海潮干満の条件をあげるのが一般的であるが、基本的条件として潮流と地質をあげなければならない。瀬戸内では複雑な潮流の方向と速度によって、適地にデルタを形成し、またその近くに撒砂に適する砂泥を堆積し、またそれらの砂土が花崗岩の風化流出した細粒砂土であり、これが塩田地盤としては毛管現象を高める最良砂

近世における瀬戸内塩田の拡大（町歩）

藩領名	～元禄期	宝永～幕末	合計
一ツ橋・松平	73	21	94
姫路	287	146	433
丸亀・林田・竜野		39	39
赤穂	228	96	324
岡山	4	367	371
備中松山	18		18
福山	41	52	93
広島	148	143	291
岩国	35	31	66
徳山	12	46	58
長府		20	20
山口	191	576	767
徳島	406	23	429
倉敷・天領	38	9	47
高松	35	358	393
丸亀	33	62	95
西条		222	222
今治	3	88	91
松山	50	44	94
周防灘 九州沿岸（推定）	30	70	100
合計	1632	2413	4045

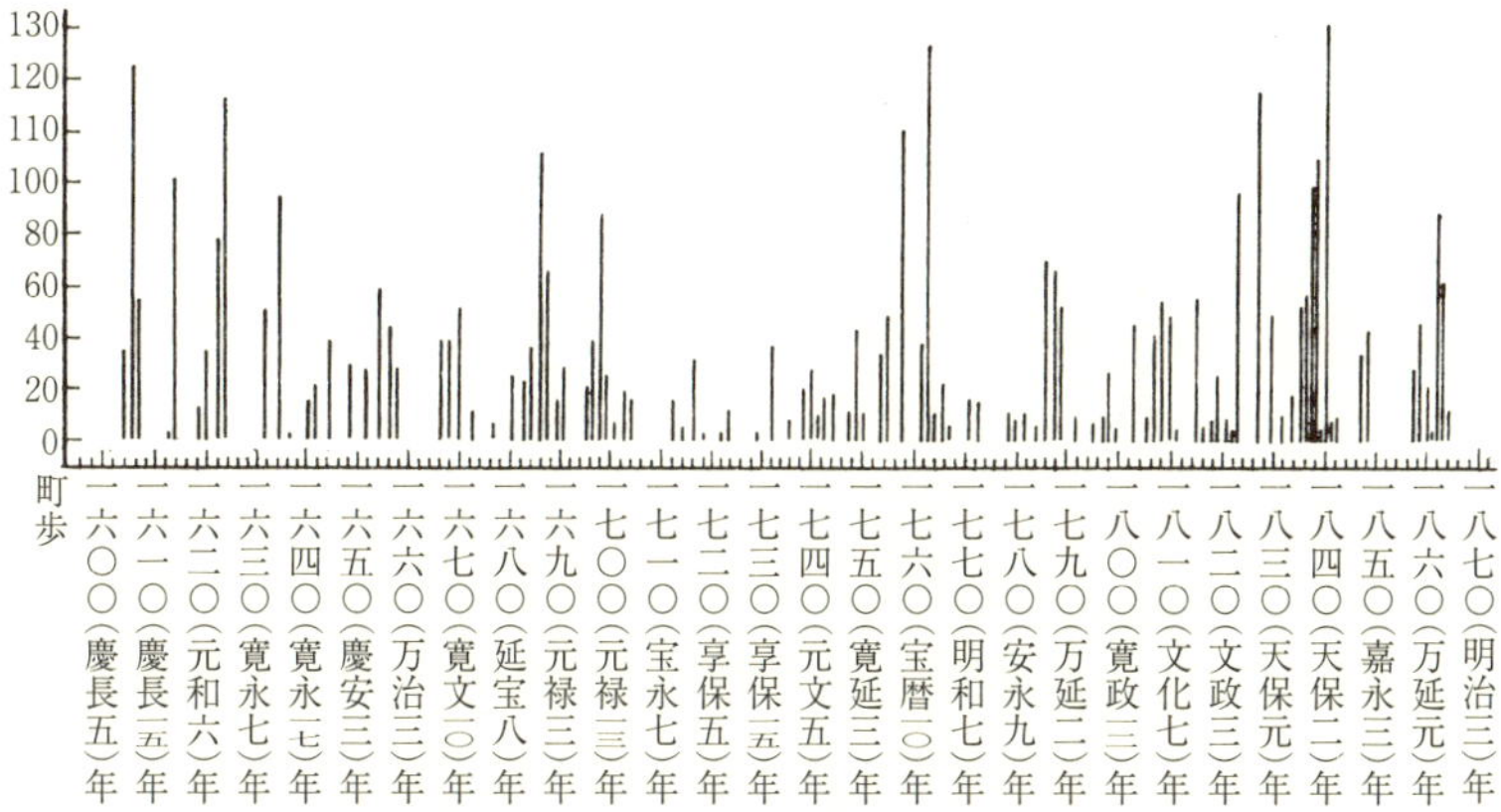

近世瀬戸内海沿岸（含豊前・豊後）の塩田開発の推移（面積町歩）

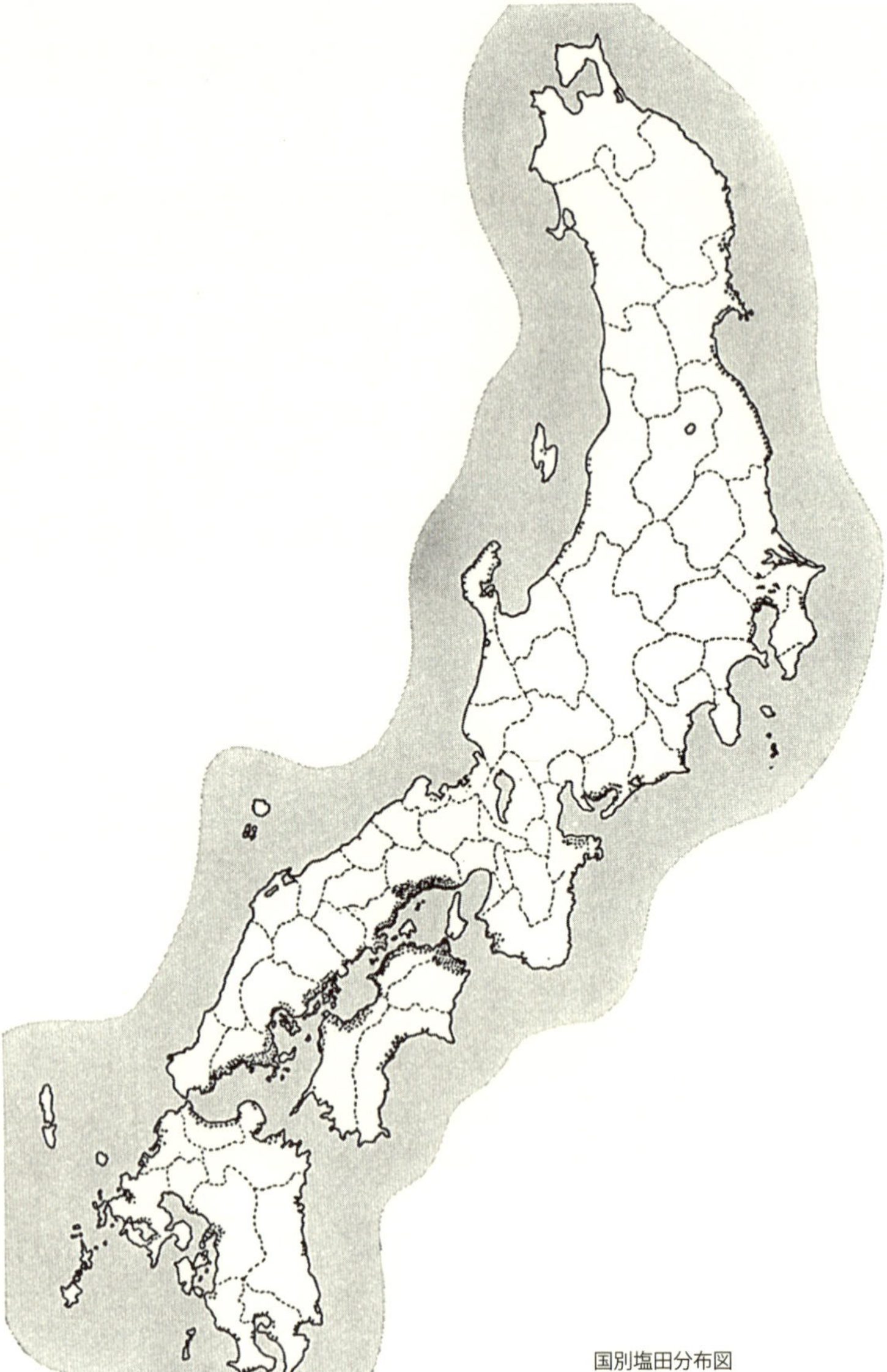

国別塩田分布図

●一点10町歩を示す「地租改政ノ為メ調査セルモノニ係ル」

（農務局明治16年6月刊・農事報告17号附録により作製）

土であり、また塩田附近で塩煎熬の釜に最も適当な、花崗岩の割石や河原石を採取できるという条件である。

以上のような好条件にめぐまれ、内海沿岸の諸藩は塩田干拓をすすめた。その推移は一〇七頁の図表の如くである。寛永～寛文期は、その生産・経営に試行錯誤をたどりながらも新しい入浜塩田法の定型化をすすめ、延宝～元禄期は完型した入浜塩田法が瀬戸内各地に伝播～干拓が進行し、在来の古式入浜・汲潮浜と合せて約一六五〇町歩となり、反当生産量一二〇石として約二〇〇万石、全国需要量の約五〇パーセントを占めることとなった。この時点に十州塩田の支配的地位の確立を認めてよいであろう。

入浜塩田ではどのような作業が行なわれたか

防潮堤内の塩田に設けられた海水溝に、満潮を利用して海水を満たす。この海水が塩田地盤に浸透し、毛管現象によって盤面に上昇し、盤上に撒布された撒砂の一粒一粒の表面で、風と日光により蒸発して、撒砂に結晶塩を付着させる。採鹹労働は、この撒砂を万鍬でひきかいて蒸発～乾燥を促すことを主体とした。次に結晶が付着した鹹砂を、溶出装置（沼井・台）に入れ、海水を汲み込んで塩分を溶出した。この装置から下に滴下して溜った濃厚海水が鹹水である。

順を追ってみよう。

○引き浜―休業または雨後の開業日、撒砂を掻き起こす作業をいう。準備作業で、浜男数名の一日の労働である。竹の万鍬で盤上を横鍬・中鍬・角鍬など合計五回掻きならす。終る頃には撒砂が乾燥してくるが、次に板を引き廻って撒砂を軽く地盤に密着させる。これは夜間に上昇する海水の毛管現象を繋ぐためである。

○沼井掘り—早朝出勤した浜男が、沼井掘鍬によって、沼井にある前回溶出を終った撒砂（骸砂）を沼井肩に掘りあげる。つづいて沼井脇にある前々回（撒砂が二替分ならば前回の）の骸砂を、当日最後に刎ね出して盤上に撒くために、切り割って水分を蒸発させておく。一方で手のあいた浜男は朝鍬という引き浜作業を進行する。これらの作業が終る一〇時頃昼食をとる。食後の休憩が終ると、

○引き浜がなされる。角鍬・横鍬・竪鍬などの方式で爬砂をするが、これで午前の作業を終り、午後再び二回の引き浜が行なわれる。これらの引き浜で、浜男は重い万鍬を引きながら一日に五里〜六里歩くこととなる。

○持ち浜—午後一時頃、持ち浜合図の旗があがると、浜子が出勤する。浜男と浜子の一斉作業で、鹹砂を集めて沼井に入れる仕事を持ち浜という。押し柄振あるいは引き柄振で砂を集め、入れ柄振か二人がえの畚《もっこ》によって沼井に入れる。地盤約三〇坪の鹹砂が沼井一槽分である。鹹砂を入れ終ると、浜主（人）か頭浜男が砂を踏み固める。これは注加する海水が砂全体に浸潤して、砂の塩分を完全に溶出するようにとの配慮である。

○藻垂れ揚げと水塩入れ—満砂の沼井へ前回の二番水（藻垂れ）と海水を浜溝から汲んで注加する作業をいう。前者は浜子が沼井脇の下穴から前回の二番水を杓で汲み入れ、後者は浜男が、浜溝から荷い桶で海水を汲み入れる仕事である。海水は一沼井に約一石入れる。

○土振り—鹹砂を集めた跡へ、前々回（前回）使用した撒砂を振り撒く作業で、刎ね鍬（振り鍬）あるいは柄振りで行なう。大型の鍬で四間四方に砂を振ることは大変な作業であった。

○引き浜—持ち浜（集砂）が終ると浜子は帰宅する。午後四時頃である。浜男は下穴に鹹水が滴下し終るのを待ちながら少憩してお粥を食べる。食べ終ると引き浜にかかる。新しく刎ね撒かれた撒砂を万鍬で引き均す。終ると引板を引いて砂を地盤に軽く押し付けておく。

赤穂入浜塩田の作業分担

名称		仕事の内容	雇用日数	人数	男女別
浜男	頭	下奉公以下を統率して労働し，採鹹・煎熬など製塩上一切の責任をもつ	年中無休	1	強健な男
	下奉公	日傭中の上等の者で頭を助けて製塩作業に従事する	〃	1～2	
	日傭	引浜・持浜など採鹹作業一切の作業に従事する	年間労働日数160日	3～5	男
	釜焚（大工）	煎熬作業を中心として，釜屋造り・屋根葺き・土居ごしらえ・釜だての作業一切を行なう	〃	1	男
	目替（夜さり焚）	釜焚を助けて主として夜間の作業を行なう。1人前になれば釜焚となる	〃	1	男
浜子	浜寄	塩付きの撒砂を寄せ集める	持浜の間（およそ正午から3～4時ころまでの間）	2	婦人または老幼者
	浜持	集めた撒砂を畚を持って沼井に入れる		2	
	俐上り	浜男を専業としない1人前の男で，翌日使用する撒砂を俐ねまき，また小溝から海水を沼井に1荷ずつ入れる		1	
	跡仕	俐上りの俐ねた砂を引板で砕きならす		1	
	藻垂れ揚げ	下穴の前回の2番水（藻垂れ水）を沼井に入れる		1	

〔注〕 人数は約1町歩の場合である

明治初年ころの入浜塩田の作業（『製塩一覧』鎌田共済会博物館蔵）

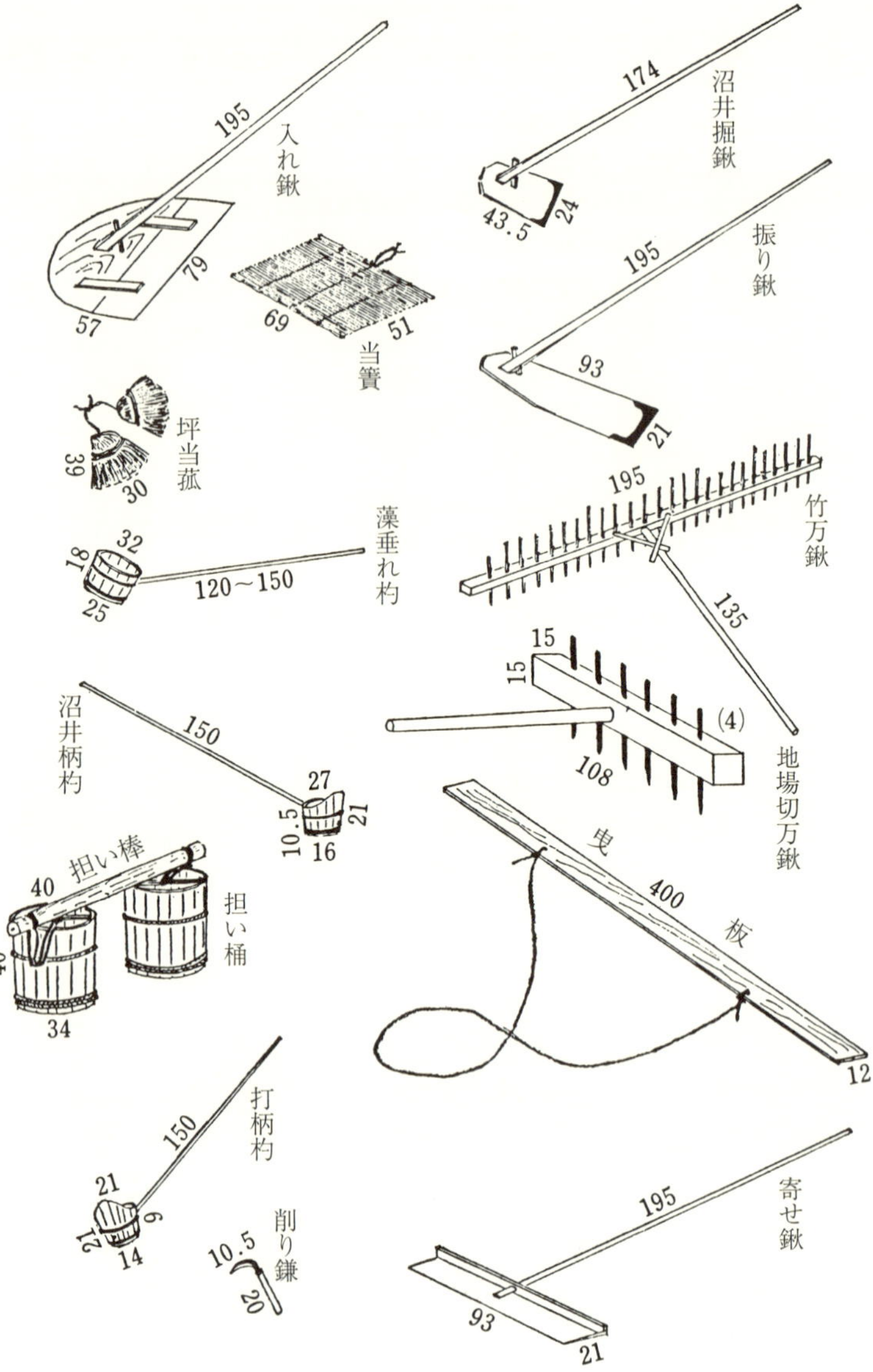

松永塩田採鹹用具図（数字はcm）

○鹹水の収納―少憩と引き浜の間約一〜二時間、沼井へ注加した藻垂れと海水が、鹹砂の塩分を溶解して、沼井胁下の下穴に滴下して溜る。これを浜男は荷い桶に汲み取って、堤防上にある鹹水貯蔵の粘土槽に運搬する。鹹水一荷四斗の重さは約一九貫目あり、これを遠くからは一〇〇メートルほども、何回も運搬した。当日最後の仕事として、鹹水を採ったあと、沼井へ一荷ずつの海水を汲み入れた。これが二番水すなわち藻垂れとなった。採鹹量は一日反当り、夏期一七度ボーメのもの約七石、下穴一つ当り二斗三升ほどであった。以上赤穂塩田の方法を述べたが、瀬戸内の入浜塩田では大同小異であった。一一一、一一二頁に赤穂塩田の労働者とその作業分担表・讃岐塩田の作業図・松永塩田の採鹹用具図を掲げておいた。

入浜塩田は賃銀労働を使った

製塩労働は中世以前から、海水汲揚げ・撒潮・爬砂・集砂・溶出・鹹水運搬・煎熬・燃料採取と運搬などの作業に、性別・年齢（体力）別の分担―家族間分業、あるいは共同釜の専門焚夫というような分業が行なわれていた。入浜塩田はそういう古式入浜の、幾つかの集合体として成立したものであるから、成立当初より製塩労働は分業関係が階層的に組織されたと思われる。

この組織を記した史料は、元禄六年の「竹原下市一邑志」が最も古いものといえるが、それによると、浜の主宰をなす者を大工、それ以下が目易《めがわり》―上浜子―上胁―中浜子―水波奈江《みずはなえ》―浜寄―炊《かしぎ》の順となり、製塩労働は釜焚夫である大工によって統率され、最下層の炊に至る八、九人或いは一〇人が階層的に編成されていたことがわかる。浜子の呼称は地域により異なり、時代により変化することもあるが、その数と階層は似ている。

雇傭形態は、基本的には上級の数名は年傭、下級のものは年間働く塩田は定まっているが、月切または日切（採鹹時間のみ）であった。近世中期以降は労賃節約のため年傭が少なくなる。傭替えの時期は年末であるが、冬期休浜する塩田では採業開始前の所もあったようである。雇傭方法は浜主が主宰者（頭・大工・親方・庄屋）を定め、それが他の労働者を決定する。これを松永では浜子市と称していた。

浜子の出自は、赤穂では塩業立地村で再生産されたが、城下町人の塩田には隣村や藩境を越えての隣村から雇われたものもあった。松永では島嶼部からの出稼ぎ労働が多く、竹原では後背地農村でしかも竹原下市よりの貢租米積出圏に属する村々から集まり、三田尻では常傭浜子は他郡からの出稼ぎ、日雇や婦女少年労働は近くの農家の手間賃稼ぎであった。撫養・多喜浜などは村に浜子集住地があり、其処で再生産され、波止浜では津倉島からの出稼ぎが多かった。また出稼ぎ浜子の場合は塩田堤防などに附設された浜子小屋で生活した。

浜子の給与は、飯米と給銀の二本建てが一般的であり、それも契約と同時に年給与の五〇～六〇パーセントが前貸された。身売り的色彩がかなり強く、分業が確立しているため外見はマニュファクチュア的であるが、自由な賃労働とはいえない。もちろん前借を踏倒するもの（走り浜子）も、時代とともに多くなっている。竹原・赤穂では請人制もみられ、竹原では走り浜子を捕えた際は、片かしらを剃って塩浜中を引きまわし、浜師連中に顔を覚えさせ、再び竹原塩田に寄せ付けないようにする刑罰も行なわれたようである。

幕末期の赤穂東浜における賃金を『塩業組織調査書』によって示すと次のようになる。

	頭	下奉公	日傭
給金年額	二百五十匁	二百四十匁	
	一日ニ付玄米一升一合	一日ニ付玄米一升合	

賃銀日額	一、二、三、四、十一、十二月			七分五厘
	五、六、九、十月			八分五厘
	七、八月			一匁一分五厘
	年中通じて			木屑代一分
	一日ニ付			玄米一升一合
	一同合力	十二匁	十二匁	八匁
諸給与年額	襦袢代	五匁		
	薪代	十八匁	十五匁	
	持酒手百日分	二十匁	二十五匁	二十匁
	年分酒手	十三匁四分	十三匁四分	
	流前金			二十匁
		釜焚	夜釜焚	
賃銀日額		一匁六分	一匁三分	
		玄米一升三合	玄米一升	
諸給与年額		十二匁	八匁	

また河手龍海『日本塩業史』によると、竹原塩田における前貸の割合は次頁のようであった。

このほかに祝日・祭礼・夏の最盛期の特別の仕事の場合には酒手・祝儀などが恩恵的に与えられた。もちろんこれらの全給与の額や期日は、浜人（主）共同体で決定し固く守られた。

浜子と浜人が混住する塩村では、浜男→頭（大工）→小作→浜人への上昇もなくはなかった。出稼ぎ労働の塩田ではこのような上昇はなかったようであるが、そこでは頭が抬頭し経営管理人化し、ために浜子の階層的序列を弛緩させる場合が多かったようである。また宝暦以降の生産過剰による経営合理化のため、年傭浜子が月切・日雇に切替えられるような瀬戸内西部塩田では、浜子の階層性が稀薄化される場合が多かった。

日雇種目＼年号	享保十年 給銀	享保十年 前貸	宝暦二年 給銀	宝暦二年 前貸	弘化四年 給銀	弘化四年 前貸
上大工	一七五匁	一二五匁	二六〇匁	一八〇匁	三二四匁	一七八匁
上目代り	一二〇	八五	一七八	一二〇	二三九	一三六
上浜子	一三〇	九三	一九三	一三二	二七四	一七〇
指上	一二〇	八五	一七八	一二〇	二五二	一五八
上脇	一一〇	七五	一六三	一〇五	二三六	一四八
水はなへ	一一五	八〇	一七〇	一一二	二四六	一五四
もつから廻	一〇〇	七〇	一四八	九七	二二〇	一三八
浜寄	八〇	五〇	一一八	六七	一八九	一二〇
かしき	八五	五五	一二五	七五	二〇四	一二八
釜切	八〇		一一三	七二		
月切	八〇					

塩業労働の賃銀闘争もかなりはやくからみられ、赤穂では享保二〇年（一七三五）に団体交渉が始まっており、寛政頃になると年末の団交は当然のようになり、また最盛期には臨時手当を要求する「はやり正月」（サボタージュ）もしばしばみられる。竹原では宝暦九年（一七五九）の騒動的賃斗から文政一〇年（一八二七）の、下層浜子のみで組織・計画された高次の闘争形態への発展がみられる。このような浜子の闘争は野崎や波止

浜などからも報告されている。

塩談7　元禄赤穂事件と塩

吉良義央は元禄二年富好新田九八町歩を開拓したが、そのうち一五町歩を塩田とする計画を立て、塩技の先進地である赤穂へその秘伝をさぐりに行かせた。そのうち数名は捕えられたが、残る何名かはうまく浜子としてもぐり込み、数年後に塩技を習得して帰り、ようやく悲願を達成したと吉良地方では伝承されている。また一般には、赤穂の大名浅野が吉良にその秘法を教えなかったことが、吉良の意地悪となり忍傷事件へ発展したのだともいう。これらの裏付け史料の採訪は無駄足であった。

塩業史の上で、元禄期というのは、新しい入浜塩田法が瀬戸内一帯に普及して、一六〇〇町歩ほども干拓され、全国需要の五〇パーセントを生産する段階に達し、この塩は、旧来の非能率的な自然揚浜や古式入浜による製塩とその市場を駆逐していく時代であった。

当時の吉良塩田は、古新田・本浜・富好新田の塩田合せて三五町歩ほどであったと推定されるが、これら塩田は矢作古川のデルタ利用の古式入浜であり、一筆二畝〜五畝ほどのものを合せて二反歩ほど一戸で経営し、家族労働で農漁閑時に操業された。塩釜は、伊勢一色・鳴海・宝飯の釜から推測すると、焼成した粘土棒で、偏平な硬砂岩を支えて釜底とし、それを木灰と鹹水の粘土で塗り、上面と裏面を焼き固めたもので、従って竈の中には底を支える粘土棒が林立しているというような、支脚灰粘土石釜ともいうべき塩釜であった。釜の経営は数戸の塩生産者が共用する形であったと推定される。また塩の販路は名古屋・笠松→美濃路・北伊勢方面であったと思われる。

これに比して同じ時期の赤穂（瀬戸内）塩田は、基本的には昭和三〇年頃まで続いて稼動した入浜塩田が既に完成しており、釜は灰粘土石釜ではあるが、支脚はなく上から吊った型のもので、竈はサナと灰落し兼送気溝を備え、煙道には余熱利用の鉄釜を架したものであった。またこの塩田の経営は企業として合理化され、賃労働を使い、商品生産としての機構を整備していた。従って吉良と赤穂の生産コストは二対一の比であった（明治期の史料による）。

当然こういう生産方式は、後進塩業地の領主としては採用したかったに違いない。ここに産業スパイ説が出現するわけである。しかし塩技やその経営は、産業スパイを放たなくても、それは極めて開放的であり、塩買船の船頭・水夫も自由に塩田や釜屋に出入できたのであり、実際にこの方法は約半世紀の間に、瀬戸内諸浜に東から西へ伝播しているし、天和二年（一六八二）には仙台藩の依頼に応じて、赤穂から浜子が波路上塩田の改良指導に派遣されてもいるのである。従って吉良から視察に来たとしても、製塩経験者ならばざっと見廻しただけで、その技法は理解できたであろう。またその作業や経営については、吉良の古式入浜を整理し交換分合することによって、あるいは新しく開拓したものを一町歩ずつに分割して、一軒前一町歩の入浜塩田を造成すればよかったであろう。

しかし、吉良の自然条件は、まず三河湾の危険な津浪から、大規模単位の集中保有という入浜塩田の形式は困難であったろう。また塩田の地盤と石釜の石は花崗岩の砂と石を最良としたが、それが手近に存在しなかったであろう。また塩生産の賃労働も、当時の後進地域であればその発生も遅れていたであろう。とすれば、吉良では企業的・専業的塩業経営形態の形成は困難であったわけである。

明治期に報告された吉良塩田の実態の中に、その設備・用具など一つとして赤穂のそれに類似したものは発見できない。それでも葛藤の原因を塩に求めたいとするなら、この頃笠松や気賀宿で瀬戸内塩と地廻り塩とのトラブルが起こっているが、何処かで吉良（餐庭《あえば》）塩と赤穂塩の競合があり、生産コスト差で吉良側が敗れた、というようなことに想籐をはせてみてはどうであろう。

松葉焚石釜による煎熬

入浜塩田の成立に先行して、一軒前（七～八反歩）塩田で採取された鹹水を煎熬できる石釜が、播磨東部で出現したようである。当時の石釜の実態は、元禄六年の『竹原下市一邑誌』が記録し、また讃岐の松原塩田では、赤穂の松葉焚きの釜・竈を明治末期まで使用し、その実情が『大日本塩業全書』に報告されている。石釜は地面下から竈と共に構造される。径約五寸、厚さ約一寸ほどの花崗岩の河原石を、松葉灰と鹹水でねった粘土によって継いで一枚の釜底とし、まわりに粘土を約四寸立てて釜縁とし、底に三六本の2の字型の吊鉄を植え、これを表・裏から焼き固め、吊鉄を上の梁に縄で結び吊釜としたもので、大きさは横約七・二尺、縦約六尺、深さ約四寸ほどのもので、この釜が近世瀬戸内塩の九〇パーセントを生産した。この石釜の分布は花崗岩多露出地帯と一致する。

竈は釜屋の地盤をV字型に掘りさげ、中央縦に空気溝兼灰落し搔出し溝を掘り、上に竹・木を蜘蛛手に架け、粘土を張り、それに一通り五個の穴を四通りあけてサナとした。

煙道上に余熱利用の温《める》め釜（約九斗入）を掛けたが、煙突はなく、煙道を釜屋外に向って徐々に勾配を付け高くしていた程度のものであった。

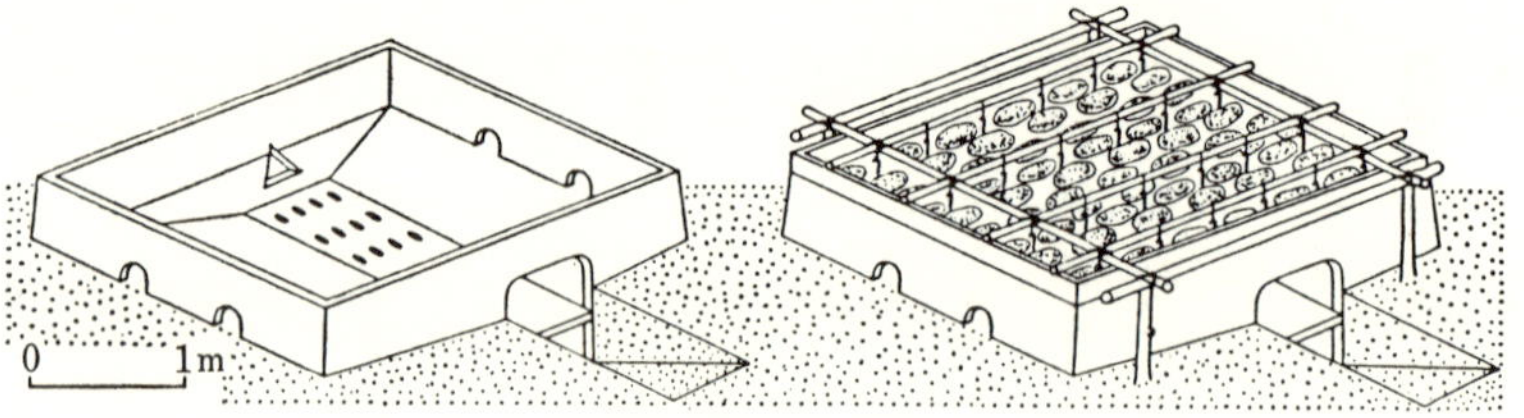

松葉焚きの石釜復原図

この釜は二〇～三〇日間の使用で築き替えられた。釜は焼き固めが終ると続いて煎熬に移る。松原塩田の煎熬作業は『大日本塩業全書』に次のように報告されている。

鹹水貯蔵槽（つぼ）から鹹水を汲みあげ、担い桶で釜屋に運び、温め釜を満たす。なお桶二荷の鹹水を温め釜の側に置く。石釜からさきの煎熬によってできた結晶塩を取り終わると、そのあとへ温め釜から約六斗の鹹水を移し、また温め釜へは鹹水貯蔵槽から一荷分の鹹水を入れておく。しばらくしてまた温め釜から三斗の鹹水を移し入れ、残る一荷の鹹水を温め釜に入れる。温め釜の二荷分の鹹水が温まるとこれをすべて石釜に移し入れる。このあと次回分の水九斗を温め釜へ、二荷をその側に置いて準備する。

そのうち石釜中の鹹水が沸騰すると、塵芥・汚物が泡となって浮かんでくる。これを「水嚢《すいのう》」ですくい取る。六割ほど結晶すると「差廻し」という柄振りを使って攪拌し、八割以上が結晶すると「あわかき」（釜柄振）で結晶塩をかき集め、「取り柄振」で塩取籠にすくい取る。そのあとへ温め釜の鹹水を杓に二～三杯入れ、石釜に付着した結晶塩を洗いおとし「取り柄振」で釜縁に引き寄せ、籠に移す。一釜の一昼夜に煎熬できる鹹水量は一九石ほどである。年間九八日（鹹水一八六二石）煎熬して七一四石の塩が生産できたと伝える。

上に石釜の復原図を掲げておこう。

石炭を最初に使った産業は製塩業である

製塩燃料は、柴・萩・萱・躑躅《つつじ》。姥目《うばめ》などの雑木から松葉・松枝・松薪などであったが、そのうちでも松

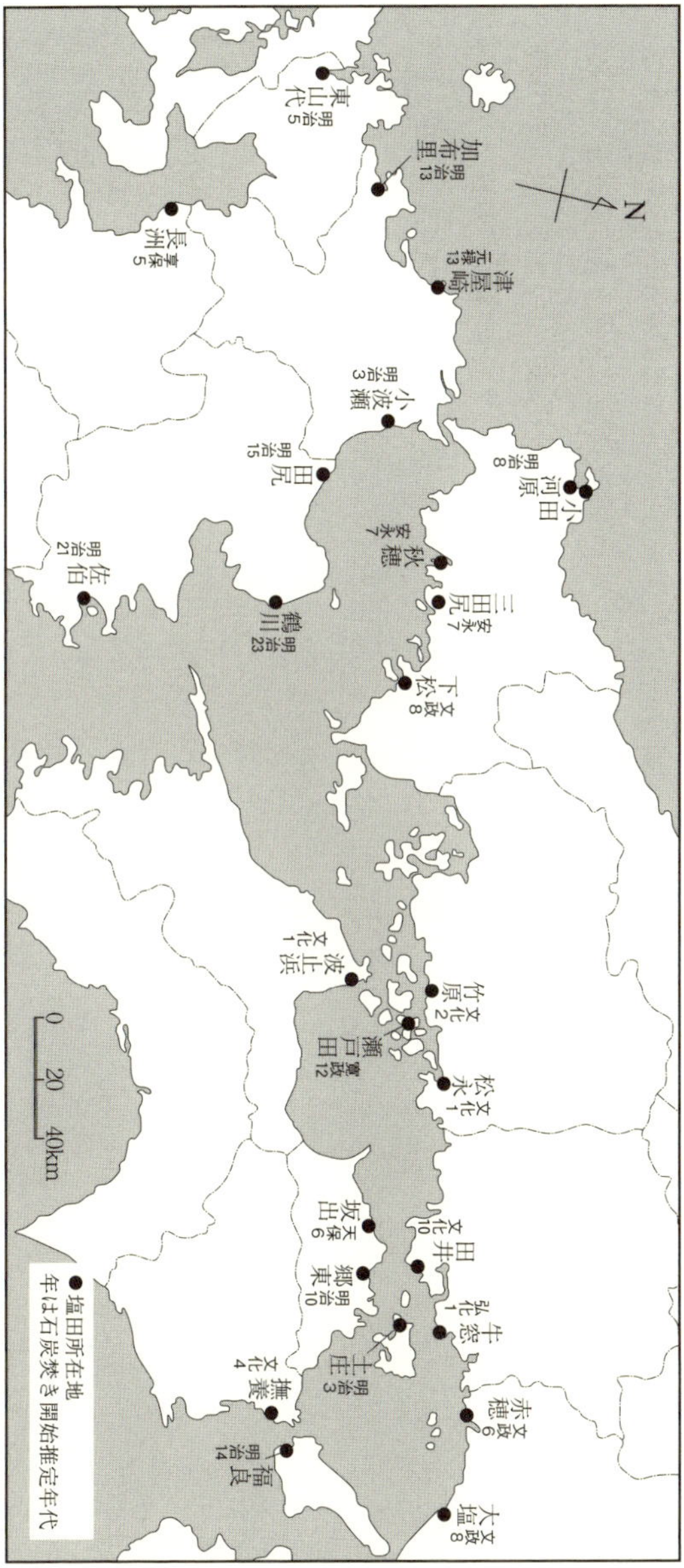

石炭焚伝播図

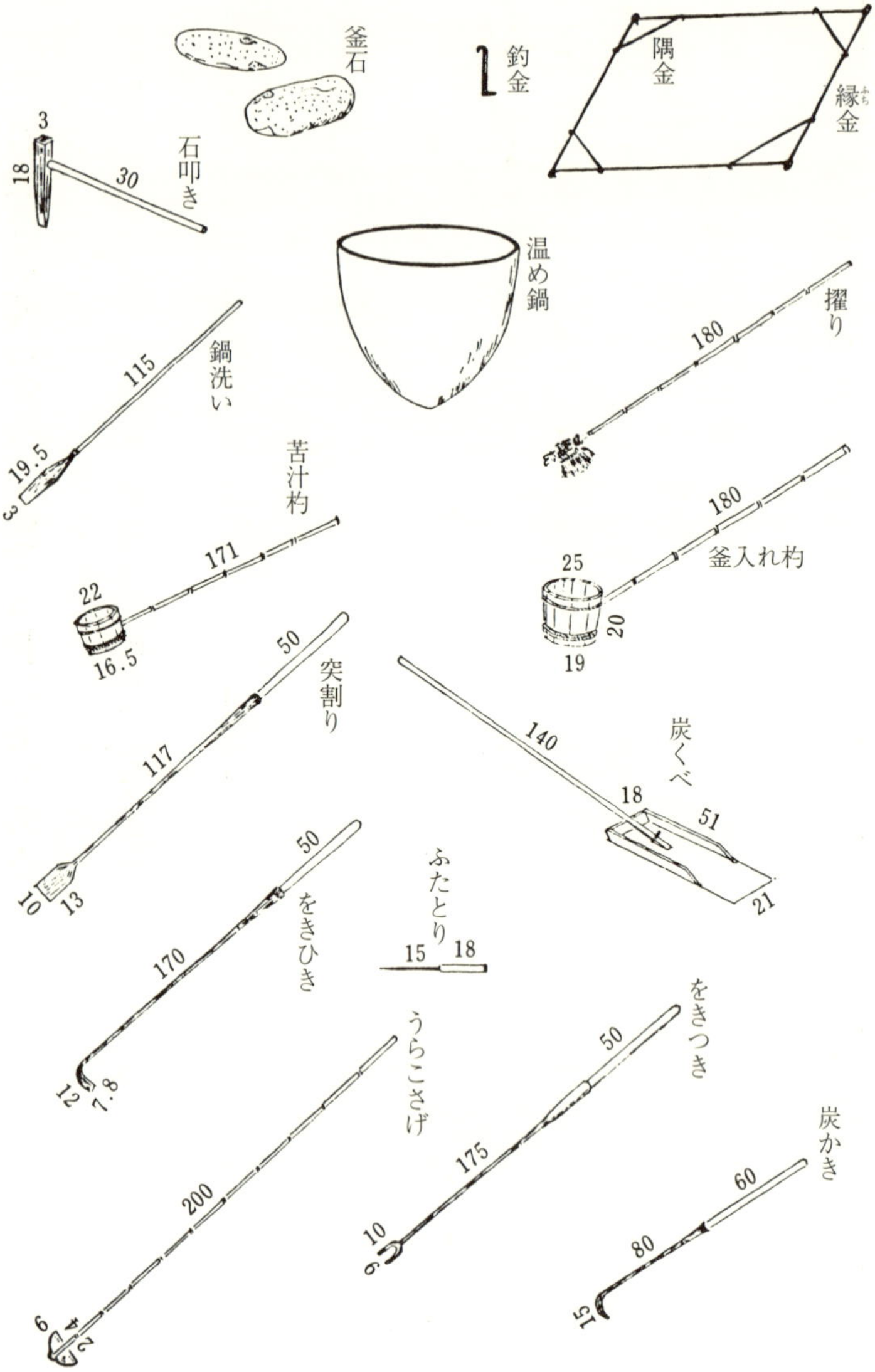

大塩塩田煎熬用具（単位cm）（『大日本塩業全書』より）

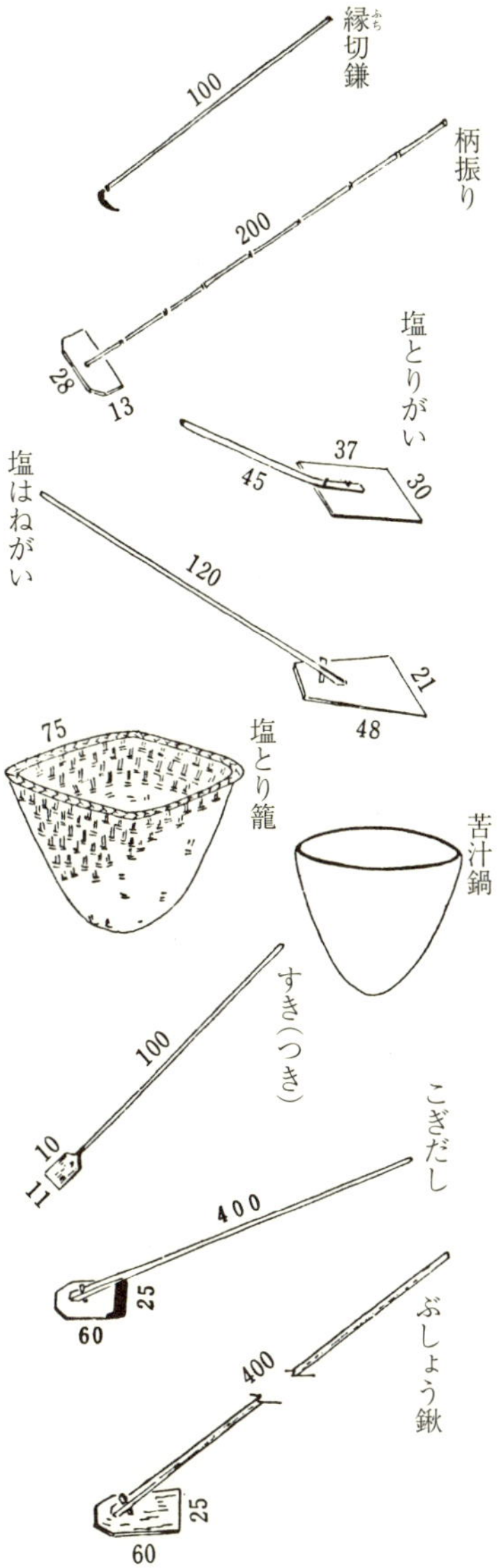

葉と松薪が最も多かった。その量は、一基の石釜で年間小束なら七万六八〇〇把、大束なら八二八〇把と算出できる。宝暦一三年の瀬戸内十州の塩釜数を二〇〇〇とすると、四〇～五〇年生の松林一反歩から一〇〇把の松葉・松薪がとれるとすると、一釜の消費をまかなう松林は七七町歩、瀬戸内塩田では一三万三四〇〇町歩が必要であった。またこの燃料費は塩生産コストの平均五〇パーセントを占めたのである。

近世を通じての都市生活の発展は薪の需要を拡大し、延享頃（一七四四～）から文政頃（一八一八～）の間に約三倍の高値となった。しかも宝暦・明和（一七五一～）頃からの塩価下落とあいまって、燃料費の節減すなわち石炭焚への移行の条件が醸成された。

製塩に石炭が使用されることは九州において始まったようで、それは寛文・延宝期（一六六一～）と推定される。石炭焚法の瀬戸内への伝播を『大日本塩業全書』によって図示すると一二一頁の図のようになる。

石炭の導入によって燃料費は節減された。『塩製秘録』は四一パーセント減を報じ、尾道地方では四〇〜五〇パーセント減、竹原塩田では三五〜四〇パーセント、赤穂塩田では二五パーセント減を報告している。

石炭の利用は確かに利益のあがるものであったが、その利益部分は赤穂では高騰する小作料の中に、多喜浜でも「地主の地代収益を上昇、安定せしめる機能を果し」（岡光夫）たのである。

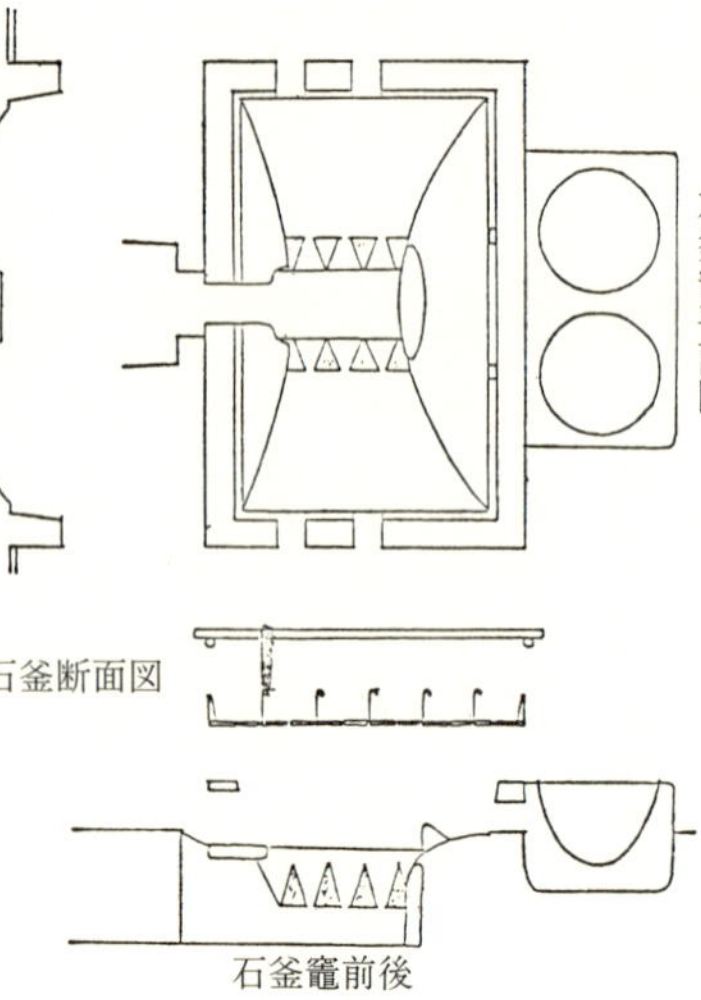

石炭焚石釜の平・断面図

もちろん石炭の導入は必ずしもスムーズに行なわれたとはいえない。粒の大きい石炭焚の塩に直ちになじめない所もあり、煙害を唱える地域もあった。それよりも、それまで製塩燃料の販売で生計を立てていた地域の反発が大きかった。生口島、大崎上島、竹原、撫養などでは大きな差縺がみられた。それは領主財源の問題（正貨流失・燃料資源放棄・薪運上の減少）や幕藩制を支える共生関係の崩壊の問題から発生したものといえよう。

しかし、技術史的には、竈の平サナが立体式になり、サナの天場で燃えついた石炭を両側のヨウラクにかき広げ、釜底全面に火焔をあて、石炭殼はサナの足の間から滓引溝に突き落すという構造の竈が工夫された。焚き方も火力の強力化によってその順序も定まり、操作も松葉の場合よりも緊張と敏捷さが要求されるようになった。また新技術の伝播という関係から、釜・竈の解説や図面があらわれるようになり、煎熬技法をかなり客観的・社会的なものにまで高めることになった。

入浜塩田の経営はどのくらいもうかったか

文政頃(一八一八〜)の赤穂塩田の「覚」は、塩田経営について次のように記録している。

一、塩田一軒前(約一町歩)の経営は次のようである。

一ヶ年の定奉公人

頭　男　一人。給銀は二〇〇〜三三〇匁。飯料米は一日に米一升一合、ただし浜仕事を行なった日のみ支給、年間約二石、拵《かせぎ》日数は年間約一八〇日。五節句、雨天と雨天のあと三日ほどは休み。一〇月〜正月のうち約七〇日は休浜。

釜　焚　一人。給銀は約二〇〇匁。飯米料は約二石。

浜　男　四人。一人につき一〇月〜三月は一日の賃銀一匁六分、四・五・八・九月は一匁七分、六・七月は二匁。

浜　子　五人。一人につき先渡し前銀三六匁。働日雇賃一匁三分、女も同様。

脇　男(夜釜焚き力)　一人。給銀一〇〇匁。飯料米半分渡し、米約一石。

薪　　釜屋一軒にて一昼夜に二四匁～四〇匁。一ヶ年で約五貫～七貫。薪はすべて松木・松葉を焚き、
　　　値段高下あり。

二、一軒前の年貢は米五石～六石、広狭・地味による。運上銀は銀三〇〇匁～五〇〇匁。
三、預け浜の地主得分は一貫五〇〇目～二貫目。諸役入用はすべて小作人負担で地主はいささかも構わない。
四、一軒前の苽・莚・縄・俵その他入用銀約三〇〇匁。塩包装用の俵代は約四〇〇匁。
五、温め釜は約四五匁。石釜は一間四方、深さ五寸、差塩の釜で火を入れると昼夜焚き続ける。三〇日～四〇日で築きかえる。これを一塗という。金釜（鋳鉄釜）も一間四方、深さ四寸～五寸。四角の平釜で代銀約八五〇匁～九〇〇匁。耐用年数は二、三年である。
六、江戸積み塩値段（差塩五斗入俵）は、高値平均一俵につき銀四匁、中値三匁一分～二分、下値二匁五分である。
七、一軒前当りの諸入用の平均は、銀約八貫一三〇匁と米約一八石、この米代銀約一貫八〇匁、合計九貫二一〇匁の製塩費用がかかる。これに対して差塩を中値で四〇〇〇俵販売すると約一二貫の収入がある。差引二貫七九〇匁の利益を生じ、うち約一貫五〇〇匁が浜主の、残りの約一貫二九〇匁が稼人の得分となる。

もちろん時代により、地域により若干の違いはある。おおまかにいえば、元禄初年までと、文政以降が利銀が多く、その中間がかなり落ち込み、概して瀬戸内東部塩田の経営が安定し、西部は変動が大きかったといえよう。また支出部分に貢租を含めて算出してみると、塩田経営は同一面積の水田経営に比して一〇～二〇倍の利益があったと推定される。次に各塩田の経営収支表を掲げておこう。

年代	（西暦）	塩田所在地	出来塩（俵）	販売代銀(A)	支出合計(含貢租)	利銀(B)	B/A(%)	石当り米価
明暦 1	(1655)	竹原	5,529(1斗5升入)	3,634匁27	2,742匁04	892匁34	27	44匁
元禄 6	(1693)	赤穂	6,400(5斗入)	7,040匁00	6,526匁00	514匁00	7	
〃 〃	〃	富浜4軒平均	14,135	8,650匁62		92匁33	1	
〃 7	(1694)	〃 2軒 〃	13,100	8,888匁35		293匁96	3	
〃 8	(1695)	〃 3軒 〃	9,384	10,076匁25		1,251匁92	12	
〃 9	(1696)	〃 〃 〃	12,472	9,978匁13		△1,873匁64	△19	
〃 10	(1697)	〃 5軒 〃	10,069	8,103匁53		△ 698匁73	△ 9	
〃 11	(1698)	〃 3軒 〃	10,526	11,347匁03		1,094匁77	10	
〃 12	(1698)	〃 2軒 〃	12,236	11,385匁60		441匁92	4	
〃 13	(1699)	〃 1軒 〃	8,691	9,429匁74		63匁11	1	
〃 14	(1700)	〃 4軒 〃	10,665	11,422匁26		△ 757匁16	△ 7	
享保 19	(1734)	竹原	3,300(5斗入)	9,303匁36	8,840匁00	463匁36	5	66匁
明和 8	(1771)	竹原	2,500(〃)	7,380匁00	8,644匁00	△1,264匁00	△17	59匁
寛政 1	(1789)	瀬戸田	2,700	15,120匁11	12,885匁32	2,234匁79	15	
〃 〃	〃	大崎	2,358	13,181匁22	11,495匁54	1,685匁68	13	
〃 〃	〃	忠海	2,430	13,553匁377	11,941匁54	1,593匁837	12	
〃 〃	〃	吉名	2,574	13,788匁9968	11,858匁26	1,930匁7368	14	
享和3～文政5	(1803～)	多喜浜	3,056	10,669匁96	9,798匁79	871匁18	8	
文化14～文政4	(1817～)	竹原平均	2,545(5斗入)	8,131匁74	8,917匁07	△ 785匁33	△10	54.8匁
文政10～文政12	(1827～)	赤穂平均	(1町2反8畝浜)	23,985匁94	18,195匁49	5,790匁45	24	
天保1～天保4	(1830)	赤穂平均	(〃)	25,977匁45	19,305匁15	6,672匁30	26	
天保 13	(1842)	撫養	(1町4反浜)	21,963匁00	16,875匁00	5,106匁00	23	
天保 14	(1843)	三田尻134軒平均	(1町6反平均)	21,738匁91	16,157匁31	5,581匁60	26	
嘉永 2	(1849)	竹原	2,200(5斗入)	12,100匁00	9,840匁00	2,260匁00	19	
文久 3	(1863)	竹原	5,903(5斗入)	66,377匁98	41,847匁77	24,490匁21	37	80匁

年代別各地塩田経営収支表

作製資料――『日本塩業大系』近世(稿)，渡辺則文『広島県塩業史』，拙著『赤穂塩業史』

入浜塩田の地主・小作制はどのように展開したか

中世以来の古式入浜（何筆かの塩田を合せて約二反歩、田畑を合せて約二反歩を家族労働で耕作して、自己の再生産を行なった古い様式の入浜）が、近世初頭に入浜塩田に転換する場合は、自作塩田を失った者が新しい入浜塩田の賃労働者になったようである。

近世において、全国需要塩の八〇〜九〇パーセントを生産した入浜塩田の場合は、原則として、その経営単位一軒前（七反あるいは八反〜一町五反）を分割することなく、入質あるいは売買し、塩田を失ったものはその塩田の小作人となる場合が多かった。

自作塩業者（浜主）の階層分化の条件としては、塩田面積の大小、品等の良否、農・山・商などと兼業する浜主と製塩専業浜主との違い、塩問屋・塩廻船兼業の浜主と直接塩販売に関与できない浜主との異なりなどが考えられる。もちろん天災による塩田被害のため没落する者もあった。

赤穂塩田の場合は、入浜塩田が成立した近世初期にあっては、塩田保有はほぼ均等な状態にあったが、元禄〜享保期から経営に剰余部分があらわれる一方で、開発の過剰から塩田不況も進行し、階層分化が始まり、宝暦・明和からの慢性的生産過剰はそれに更に拍車をかけ、化政以降は在地の塩・燃料問屋の前

塩屋村塩田地主・自作人・小作人の推移

年　　次	地主	地主兼小作	自作	自作兼小作	小作
宝永５年(1708)	2人	2人	51人	4人	4人
安永４年(1775)	7	3	4	2	27
明治７年(1874)	9	2	7	1	22

〔注〕河手龍海著『日本塩業史』より

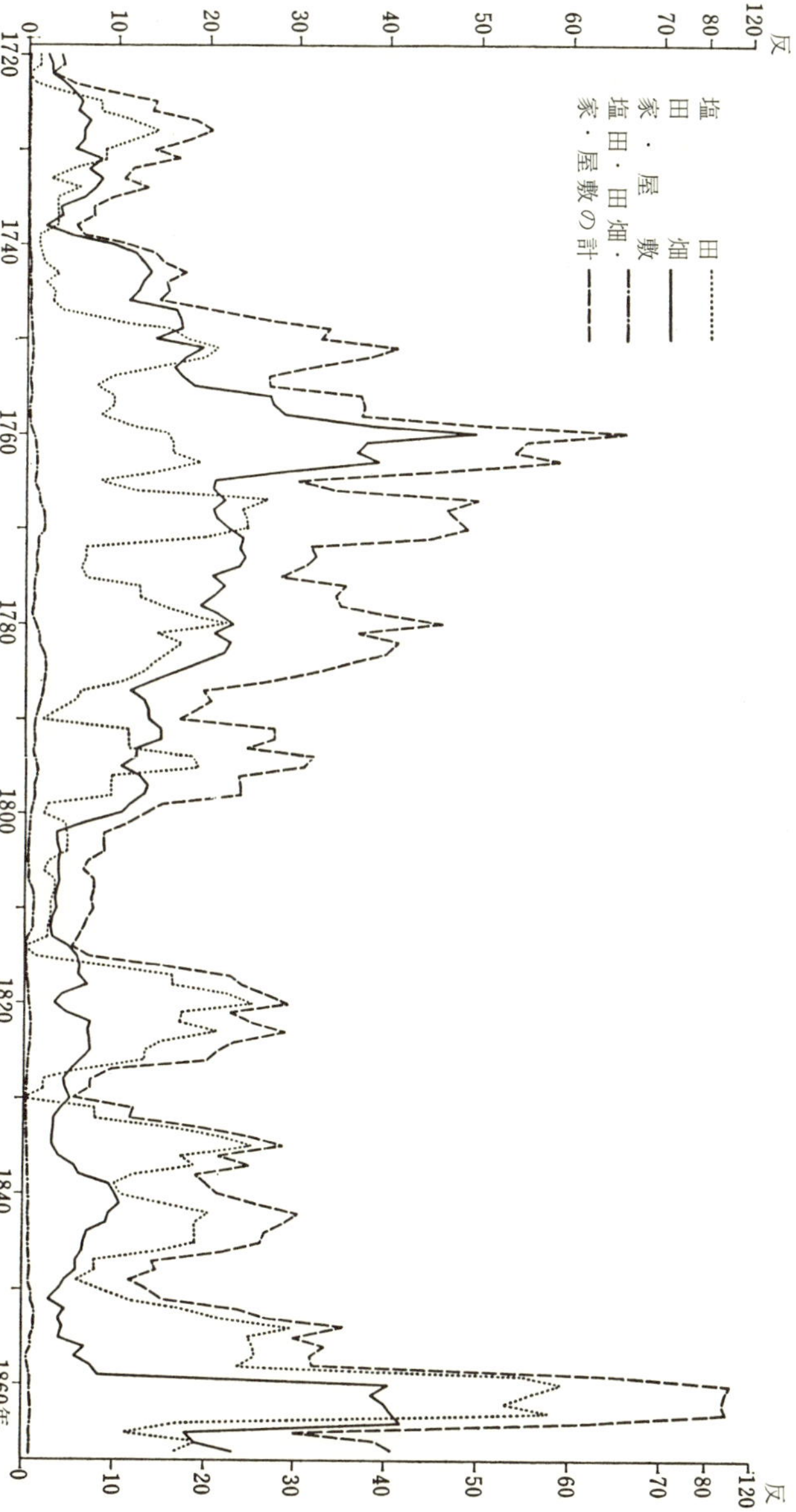

質証文にあらわれた土地の動き（廣山美恵子作製）

貸資本が塩田集積を進めていったようであり、赤穂西浜のうち塩屋村では上のように地主・小作人が推移する。

また西浜塩田の質証文をグラフ化すると前頁の表のような展開を示す。

塩田地主と小作の性格

入浜塩田の経営は、近世から近代にかけて地主・小作制度を発展させ、それを一般的な経営形態として展開した。

塩田地主は普通、地主であると同時に塩・薪・石炭などの問屋を兼ね、時には塩廻船を持ち、また村役人でもあった。このような性格と、塩価変動と天災に弱い塩田経営の不安定性とによって、所有塩田は僅少を手作りし大半を小作に出すこととなったのである。『大日本塩業全書』は赤穂地方のそれについて「地主ハ、自ラ資ヲ投ジ、事業ヲ経営スルノ煩ニシテ、且ツ損益ノ不定ナル事業ニ従ハソヨリモ、之ヲ他ニ托シテ、小作料ヲ収得スルノ安全鞏固ナルニ如カザルヲ思惟シ、概シテ之ヲ小作ニ付スルヲ例トス」と報告している。

小作契約は口頭・文書で行なわれたが、期間は一年と明示してあっても、小作料不払、浜方規約違反、過料銀提出延引などのことがないかぎり半永久的であった。また小作はその塩田に附属する釜屋、納屋、製塩道具一切が貸与され、それらの修繕は小作人負担となるのが一般的であった。

小作人は、経営資金、とくに労働者への前貸資金・燃料費・縄・俵などの購入費などは地主（問屋）から融通を受けた。また塩価下落や不作の場合にも地主の恩恵を受けた。しかも生産塩の販売は地主あるいは地主＝問屋の手を経由しなければならなかった。こういうことは、少し才覚と塩田労働に経験があれば安易に小作することができ、同時に地主に全く隷属するということになった。封建的な親分・子分の関係が強かったわけである。

小作料は塩田面積を基準とした固定的なものと、生産塩量の多少に応じた歩合い的なものの二型があったが、その割合は大差なかったようである。塩田売買価格と小作料の割合は次の表のように平均五・七パーセントであった。また純益の配分すなわち小作料と小作人得分は赤穂の寛政頃では地主五四パーセント、小作四六パーセントの割合であり、文政二年（一八一九）の多喜浜ではほぼ五〇パーセントずつであった。

入浜塩田1町歩当り売買価格と小作料

年　　代	場　所	売買価格(A)	小作料(B)	(B)/(A)
安永2年（1773）	竹原	17貫972	0貫467	2.6%
寛政2年（1790）	長州曽彌	24貫508	1貫778	7.2
文化15年（1818）	〃		1貫755	
文政1〜4(1818〜21)	赤穂西	34貫151	1貫619	4.7
文政2年（1819）	多喜浜	（古浜・大浜平均）	0貫798	
天保13年（1842）	坂出	21貫049	1貫145	5.4
天保14年（1843）	三田尻	25貫000	1貫875	7.5
天保後期	赤穂東	17軒前平均	2貫140	
弘化2年（1845）	撫養	34貫615	1貫923	5.5
弘化4年（1847）	野崎	16貫129	1貫344	8.3
安政3年（1856）	赤穂東	51貫904	2貫598	5.0
平　　均		28貫166	1貫530	5.7

作製資料―『日本塩業大系』近世（稿）、渡辺則文『広島県塩業史』

小作経営は時と所と塩相場によって一定しなかったが、田畑小作と異なって、小作人とはいいながら一〇人前後の労働者―浜子を雇い、自己の才量によって経営したわけで、浜子に対しては雇傭主の立場にあった。従って塩田好況の時期は「羽織小作」とも称される場合もあった。赤穂藩弘化四年の「達」によると、小作人でありながら本人は勿論その家族も塩田労働に従事しない。また小作身分でありながら茶道や遊芸にふけっている。このような「奢《おご》ケ間敷《りがましき》」ことは禁止するとの条文がみられる。田畑小作にはみられなかった現象であろう。

備前野崎塩田の当作歩方制

小金を溜め芸事を楽しむ「羽織小作」が出現した一方で、備前児島郡に当作歩方制といわれる特異な小作制度がみられた。

野崎武左衛門は文政一〇年から文久三年(一八二七～六三)にかけて、野崎浜・目比亀浜・東野崎浜などを開拓して、総面積一四二町歩、釜屋七二軒を所有する大塩田地主となり、勿論塩の集荷問屋・燃料(石炭)の購入配給問屋を兼ねた。また嘉永年間(一八四八～五四)に福田新田五四〇町歩の開発地主となり、自己の塩田の浜子飯米(給料)約二四〇〇石を、その小作米でまかないうるようになった。かくて野崎家は塩田・新田地主と浜問屋の三本柱の上に強靱な経営機構を作りあげたのであるが、武左衛門はこの塩田経営を、自ら考案した当作歩方制によって、さらに強化した。

さて、当作歩方制という小作制度は、一軒前塩田に、a「平日業体ニ従事」する「担当人」、すなわち直接生産に従事する小作人。b「平日業体ニ従事不致シテ名而已当作ト唱フル者」で「当作人」といい、野崎家親族・野崎家に功労のあったもので、恩恵的な歩方が与えられる者。c「元方」すなわち野崎家自身。このような複数的な小作人があって、それらがあらかじめ定められた歩割りによって、利益～損失配分を受ける制度である。

当作歩分けの対象となる損益は、一軒前塩田の総生産高から小作料（現物塩）を差引き、残りの販売金から総生産費を差引いた差額である。一般の塩田小作の場合は、この損益部分は当然小作人の取分であった。当作歩方制においては、損益をb・cにも配分することとなって、cの地主は小作料プラスα、bの当作人は何もしないでαを得、aの実質上の小作人「担当者」は、自己の労働賃銀プラスαのみで、本質的には各塩田の管理職的労働者の如き存在となったのである。

このような小作制度であれば、担当人は収益増加のために勤勉に働くことになり、またそれによる増加収益は恩恵当作人・地主のα分も増加する。逆に損失が生じた場合でも、野崎家は、小作料は確保したうえで、元方当作人として一部（歩割による）の損金を負担するだけで、多くの担当当作人や恩恵当作人に損金の一部を当然のものとして負担させることができたのである。

入浜塩田経営は一軒前単位以上に規模を拡大することができず、地主の塩田総合直営制が不可能であった。そこで武左衛門は、塩田の共同経営・共同負担の形式をとることによって、地主・小作の階級的対立意識を緩和させながら、しかも歩合制によって労働意識を高めさせ、小作人を管理職的賃労働者に編成変えしたわけであるが、このことはまた塩田の資本主義的生産様式への方向でもあったといえよう。

かような当作歩方制は、天保一五年（一八四四）頃にその端緒がみられ、嘉永〜安政期（一八四八〜六〇）の塩田不況の段階、文久期（一八六一〜）以降の塩田好況の段階を経て定着したようである。

＊参考引用文献―渡辺則文・加茂詮・山本明「備前野崎浜の研究」（『日本塩業の研究』第四集）、渡辺則文・有元正雄「巨大塩田地主の形成と塩の生産構造」（『近世社会経済史論集』）、日本専売公社編『日本塩業大系』近世（稿）

塩談8　盛り塩と撒き塩

秦の始皇帝が中国を統一したのは紀元前二〇六年、中央集権国家体制を確立し、貨幣鋳造、度量衡の統一、皇帝専用語の創定など、また一方では万里長城、阿房宮、帝陵の大工事、あるいは天下の富豪一二万戸を成陽に集住させるなど、誠に著名な皇帝であるが、この皇帝はまた三〇〇〇人の美女を擁したといわれるから、その後宮もさぞ大規模で艶麗を極めたであろう。

皇帝は夜々いずれかの美女の許へ通うわけであるが、これには車を牛にひかせて、牛が止まった所の房子《ファンズ》に入り、そこの女と歓をつくすことにしていた。ところが美女のほうはその確率三〇〇〇分の一とすれば、互にしのぎをけずることとなる。何処にも智恵者は居るもので、利口なある美女が牛の好む食塩を、自分の房子の門口に、日暮れとともに盛り塩しておいた。当然牛はその塩を舐めたいため、その房子に足をとめる。皇帝はよしよしと車をおりて其処に入るというわけである。

料理屋の盛り塩はこれが起源であるという。

これとは逆に、縁起の悪い客、野暮な客に塩をまく人もいるこれは祓い清めの塩であろう。

土俵のうえで力士のまく塩も、祓い清めの塩であるが、これは怪我の際の殺菌・消毒の役もする。本場所一五日間に土俵にまかれる塩は約三石六斗（六〇〇キログラム）、一日に二斗四升という。近世においては、祭礼には宮角力が欠かせないものであった。一年に祭礼角力三万場所、勧進角力約一万場所と仮定すると、約九六〇〇石の塩が土俵にまかれたことになる。

入浜塩田一〇〇町歩地主の経営

赤穂塩田で塩田一〇六軒前と手船をもち、塩問屋を兼業した田淵家の経営を廣山謙介のメモによってみよう。当家市兵衛の名が御崎新浜村の記録にあらわれるのは寛文一三年（一六七三）で、田淵家はこのころすでに尾崎村の資産家であった。同年弥次兵衛の屋敷・本家・土蔵・納屋三棟を二貫五〇〇匁で、また大坂天満の仁右衛門の塩田一軒前を二貫匁で買い入れ、年末には買いとった弥次兵衛屋敷に家族五人とともに移り御崎新浜村の住人となった。延宝五年（一六七七）には問屋営業を始め、翌年には三郎太夫浜を半軒、元禄六年（一六九三）に川崎屋の家屋敷を買い、元禄一〇年（一六九七）には平兵衛の跡役として年寄となった。ところが宝永二年（一七〇五）身上不勝手につき弟九兵衛に跡を託し上坂した。九兵衛は順調に経営をすすめ元文五年

表（1）文化12年（1815）田淵家の経営概要

	項目	金額
		貫 匁
A	貸付銀（手形貸し）	3,949,950
B	浜貸し（前貸し銀カ）	933,190
C	問屋株・不動産	111,870
D	貸付銀・徳用	1,585,270
E	生活費（新宅・隠宅とも）	896,650
F	信用貸し・仕入金・貸し付け	281,320
G	小計	7,758,250
H	うち預り銀	1,886,570
I	差引残（G－H）	5,871,680
J	金	1,560
K	正銀	69,690
L	札	51,510
M	銭	2,400
N	利残り	320
O	小計	125,480
P	合計（I＋O）	5,997,160
Q	うち前年末資金	5,836,370
R	本年純益（P－Q）	160,790

の推移

借入銀(ウ)	差　引(エ) イ－ウ	前年比増加	貸付率(オ) ア/イ×10C
貫　匁	貫　匁	貫　匁	%
143,580.1	433,700	35,200	63
187,229	598,300	28,100	53.4
275,865	853,100	45,000	48.1
151,400	999,900	0	43.4
257,000	999,900	0	37.2
301,330	1,776,800	55,300	62.4
282,420	2,028,370	67,270	56.1
…	…	…	47.8
840,990	2,880,820	92,870	59.6
1,055,320	3,421,380	147,158	71.9
1,464,900	4,181,560	216,520	81.1
1,540,640	5,449,310	216,430	81.3
2,017,270	6,300,210	127,600	86.3

（一七四〇）には大庄屋格に、延享五年（一七四八）には藩の蔵元に任命されている。

田淵家には宝永五年（一七〇八）からの貸金証文、享保一三年（一七二八）から文化一二年（一八一六）までの算用帳その他が残っている。まず各種帳薄が最も揃っている文化一三年（一八一五）の「大算用帳」でその経営の概要を示すと表(1)のとおりである。

Aは「万扣帳」より集計された貸付高の総計で、その貸付先は村貸しのほか大名貸しとして竜野藩・板倉（備中松山藩）などのほか、商人貸しなどである。

Bは浜貸しで前貸しなど経営資金の貸し付けかと思われる。

Cは問屋株と不動産の評価額である。

Dは「万覚帳」による貸し付けおよび徳用の集計である。赤穂藩勤番所に対する貸し付け・御用金のほか、旗本である佐用の松崎（井カ）伊織・布賀の水谷左門・竜野藩・札会所などへの貸し付けや、家・屋敷・浜などの質貸しである。

Eは世帯費用・新宅・隠居などの生活費の集計。

Fは「当分貸扣帳」による信用貸しおよび船仕入・藍玉仕入金の貸し付けの集計である。

GはA～Fの合計で、総資産である。

表(2) 田淵家の資産

年次	諸貸し付け(ア)	土地・家屋 問屋株	塩田地価	現銀・藩札	計(イ)
	貫 匁	貫 匁	貫 匁	貫 匁	貫 匁
1744(延享1)	363,399.6	22,550	154,650	36,680.5	577,280.1
1749(寛延2)	419,515	28,121	248,250	89,643	785,529
1756(宝暦6)	542,950	554,450		31,565	1,128,965
1761(〃 11)	499,300	616,800		35,200	1,151,300
1765(明和2)	467,200	96,000	566,000	127,700	1,256,900
1778(安永7)	1,297,330	96,800	659,900	24,100	2,078,130
1782(天明2)	1,296,170	96,800	869,900	47,920	2,310,790
1788(〃 8)	1,176,085	96,800	918,210	269,155	2,460,250
1796(寛政8)	2,216,450	111,870	936,240	457,250	3,721,810
1801(享和1)	3,218,040	111,870	877,740	269,050	4,476,700
1807(文化4)	4,577,720	111,870	881,190	75,680	5,646,460
1812(〃 9)	5,681,520	111,870	881,190	315,370	6,989,950
1817(〃 14)	7,175,800	111,870	933,190	96,620	8,317,480

Hは浜預り銀五九八貫余と「預帳」・船・引金を合せたものである。IはGからHを差し引いたもので、非貨幣的自己資産総額を示すものである。

JからOは所有金・銀・銭の残高であり、これをIに加えたものがPで亥年末の自己資金である。それからQの前年末自己資金を差し引いたものがRで、文化一二年（一八一五）中の純益である。

「算用帳」ではこのような資産計算のほかに、損益計算がなされている。「大算用帳」は匁以下を切り捨てた計算で、「算用帳」は匁以下まで計算しているため、前掲の純益（R）と若干の差異がある。

次にこの「算用帳」によって田淵家の営業をみよう。これによると当分貸しからの利息収入九貫八六二匁八分四厘、御勘定所収入九貫六二一匁、松崎・水谷氏の利息八貫五九五匁五分六厘、村貸しなどの利息九貫一七四匁八分九厘、「万扣帳」による大名などへの貸し付け収入四八貫九二九匁五分、板倉家からの収入七五貫七〇七匁八分六厘、扶持米など九貫三九一匁

表(3)　文化14年（1817）ごろの田淵家の手作・小作塩田および塩問屋収入

項　目	摘　要
手作塩田	5墩（唐船$_8$・十三軒$_8$・一ノ水尾$_4$・三十郎$_3$・本水尾$_2$）のうち25軒　出来塩10万俵　代銀400貫　薪代110貫　諸雑費250貫　徳用（収入）40貫
小作塩田	11墩（唐船$_{10}$・十三軒$_{12}$・一ノ水尾$_9$・三十郎$_{10}$・鍵水尾$_2$・片水尾$_{11}$・東海水尾$_8$・滑水尾$_6$・明神木$_7$・元沖$_4$・高須$_4$）のうち81軒　7027畝29歩5　運上30貫186匁6　御年貢 130石426合$_5$　家督銀（収入）198貫400匁
塩問屋	塩取扱高 27万俵　口銭24貫300匁（1俵につき9厘）　上納銀8貫　諸雑費7貫500匁　徳用8貫800匁

表（4）　文化3年（1806）田淵家の大名貸し

貸付先		1806 貸付高	未回収高
		貫　匁	貫　匁
赤穂	森　忠典	95,780	426,290
竜野	脇坂　安親	799,160	158,890
備中松山	板倉　勝従	716,970	
岡山家老	池田伊賀守	401,380	
〃	日置元八郎	92,000	
佐用	松崎（井カ）伊織	6,656	152,470
備中布賀	水谷　左門	5,464	141,750

一分、その他浜家督など一〇〇貫二八〇匁、計二七一貫五七一（五六二カ）匁七分五厘の収入があった。それに対して費用は利払いなどが三五貫二八八匁四分八厘、入用が六三貫、引金が一三貫、計一一一貫二八八匁四分八厘で差引純益は一六〇貫二八三（二七四カ）匁二分七厘となっている。

このときの田淵家の収入は大名貸しや村・商人貸しなどによるものが約七〇パーセント、塩田関係収入が約三〇パーセントとなっているが、その出発点においては塩問屋口銭、手船による収益が基礎になっていたことはもちろんである。

延享元年～文化一四年（一七四四～一八一七）の田淵家の資産の増殖をみてみよう。表(2)は諸貸し付けの合計、土地・家屋・問屋株の評価、塩田地価、現金・銀・銭・札の有高、借入銀、その年の純益を一覧表としたものである。諸貸し付けの中には焦げつき分、世帯費や新宅・隠居などへの仕送り分なども計上されている。寛政八年（一七九六）ごろから借入銀が増加するが、これは大名貸しが多くなったからであろう。いずれにせよ延享元年の資産総計が五七七貫余であったものが、七三年後の文化一四年には八三一七貫余と約一四倍に増殖している。

次に船手貸しの推移をみると、田淵家と塩・米・薪などの取り引きのある船との貸借関係で、享保一三年（一七二八）の「大算用覚日記」には坂越・網干・貝川・赤野・吉福・引田などの一七名に三貫目余の貸し付けがみられ、幕末と思われる「酉暮浜人並船手貸」には唐人屋・塚屋・阿波国井筒屋・大坂西村屋・長嶋屋、その他九名に六一貫目余が記載されている。これはその年の取り引きで貸しになった銀高を書きあげたものであるが、貸し高が増加していることは取引量の増大、問屋経営の拡大を示すものであろう。

表(3)は文化一四年のものと思われる塩田関係の収支を「家屋敷並塩浜覚」によって示したものである。

なお手形貸しとして大名貸しも行なっており文化三年（一八〇六）には表(4)のような記録が残っている。

また水谷氏の布賀では「備中布賀通用宝簡、銀壱匁預り、切手引請川口屋」とした布賀札の札元となっている。

なお、田淵家は天保期（一八三〇〜）赤穂藩への融通のこげつきから一時衰退のきざしをみたため、天保一〇年に家政改革を断行し塩田も整理したようで、天保一一年には塩田二〇軒前約一八町歩に減少している。

瀬戸内十州塩はどこへ移出されたか

十州塩が流通した地域を明治専売以前の史料からみると、その移入塩は次のようであった。

○東北太平洋側―ここは一応自給できたが、十州からは宇野・寄島塩が送られている。

○東北日本海側―三田尻・同西浦・福川・小野田・多喜浜・竹原・徳島・大塩塩が入ったが、三田尻塩はその産額の六〇パーセントほどが送られている。
○関東―大塩・赤穂・味野・宇野・山田・寄島・竹原・生口島・小松志佐・徳島・撫養・答島・福良・坂出・林田・高屋・引田・宇多津・波止浜・生名島塩が送られているが、このうちから東山方面と東北太平洋側に送られているものもかなりあった。また赤穂塩の五〇㌫は江戸に送られた。
○東海―味野・宇野・松永・寄島・竹原・生口島・徳島・撫養・坂出・引田・松原・宇多津塩が送られたが、ここから東山方面に輸送されるものも多かった。
○北陸―大塩・味野・山田・尾道・松永・竹原・平生・秋穂・三田尻・小野田・宇部・福川・坂出・伯方・生名島塩が入ったが、このうち東山方面に駄送されるものもあった。竹原塩・松永塩はその七〇パーセントがこの地方へ送られた。
○東山―この地方へは伊勢湾・三河湾岸の塩のルートにのって、松永・林田・高屋・生口島塩が入り、一方関東・北陸からも十州塩が入った。
○近畿―大塩・赤穂・山田・宇野・味野・寄島・答島・徳島・撫養・引田・松原・潟元・伯方・波止浜・生口島塩が流通したが、大塩塩はその七割、潟元塩は六割が大坂へ送られた。
○山陰―大塩・生口島・三田尻・平生・麻里布・室積・福川・小野田・宇部・小松志佐塩が入った。
○山陽・四国―土佐方面では高近・安芸などでわずかに生産されたが、殆んどの地域が十州塩を使用した。
○九州―宇野・竹原・生口島・三田尻・室積・福川・宇部・麻里布・小松志佐・秋穂塩が送られたが、秋穂塩はその七割が九州を市場とした。

＊『大日本塩業全書』『塩専売史』参照

赤穂から見た大坂の塩市場

近世初頭―天正～寛永期（一五七三～一六四四）における瀬戸内塩業は、まだ中世的な古式入浜と汲潮浜による製塩段階にあった。これらの生産方式では生産が自然条件に左右される場合が多く、しかも農民の副業的経営であったため、その生産量は安定せず変動が大きかった。このような状態での生産塩への大坂の対応は、北浜丼池で各地からの塩船によって運ばれた塩が、相対売買され、塩価高低一様でない（元亀〔一五七〇～七三〕頃）。ために一〇名の者が塩問屋を組織したが、京都の塩商人が大坂に入って買いあさり、塩価をつりあげる動きがあったらしく、元和五年（一六一九）には京都塩商の大坂における活動を禁止しなければならない、というような実態であったのである。

秀吉が大坂城に入ったのは天正一一年（一五八三）、大坂は城下町として急速に膨張し（人口―寛文五年約二七万人・元禄一二年約三六万人）、また文禄三年（一五九四）には加古川開削による上流への高瀬舟の運行が始まり、日本海岸産塩の内陸部市場に進出するという塩市場の拡大がみられた。これら市揚に最も近い産地は播磨東部の加古川・市川のデルタであった。ここにはまた新塩田開拓のための豊富な石材と、姫路築城の石工技術が存在した。

播磨東部では需要の拡大に応じて、古式入浜を合理化する方向（塩田経営～生産単位面積の拡大と賃労働の雇傭）は萌しており、これを新開塩田に投影させて、寛永初年より、専業としての塩業を経営できる入浜塩田の干拓を始めた。入浜塩田の生産力は古式入浜の約二倍である。寛永末年の大坂市場で、塩船直売の弊起こるという市場混乱は、播磨東部の新方式塩田産塩によるものではなかろうか。

正保〜寛文期（一六四四〜七三）は、赤穂においては入浜塩田が約一〇〇町歩干拓される時期で、領主援助のもとで自主的発展を奨励し、幕藩制に適応する専業的塩生産を準備する時期であったが、大坂市場もこれに合せるが如く、慶安〜寛文期二二年間に六回の私座禁令を出している。これは結果的には塩問屋の競争とそれによる淘汰＝幕藩的流通機構形成の準備と推測される。

寛文〜延宝期の赤穂は、寛文一一年（一六七一）問屋冥加礼銀新設、延宝六年（一六七八）蔵米を塩田労働賃銀として強制配給、延宝八年塩奉行新設と藩札仕法開始がみられ、完全収奪の機構ができあがり、塩の幕藩体制のための商品化を達成した。このような塩政に対して、大坂でも寛文一一年（一六七一）頃から株仲間の公認と、それを保護する方向があらわれ、延宝七年（一六七九）には赤穂塩を専門に取扱う四軒の塩問屋が成立している。この時期が、大坂が幕藩制を支える中央市場（天下の台所）としての地位を確立させた時期と考えられる。

元禄末年（〜一七〇四）より赤穂では、入浜塩田の分解が始まり、享保二年（一七一七）には小作料―生産量の一五〜二〇パーセントが公認される。これだけの剰余部分が発生したわけであるが、その一〇年前の宝永末期に大坂では再び塩船直売の弊が起こっているが、これは体制的ルートからはみ出した小作料塩―農民的商品塩の、播州ないし阿波などからの船によるものではなかったかと思われる。

赤穂における宝永五年の塩問屋株仲間の設定はか様な現象に対応するものであり、大坂における享保六年（一七二一）の塩船宿の指定、同一四年の塩直売吟味役の設定、寛保元年（一七四一）の塩仲買に対する問屋の団結―機能強化などは、大坂問屋の農民的商品塩を含めた機構への転身と推定される。享保〜文化期は大坂塩問屋の最盛期と目されるが、その前半はまだ赤穂在地問屋が優位にあった。

宝暦~明和期(一七五一~七二)から瀬戸内塩は生産過剰となる。これが反映してか、大坂では宝暦一一年(一七六一)三塩問屋定法を定め、出買い禁止等などで独占─産地支配権を強める。赤穂もこれに反発して安永九年(一七八〇)頃指定問屋の設置を計るが、大坂方の訴願により敗訴となり、また寛政元年(一七八九)堺問屋二軒を指定して、北八軒の問屋をボイコットしようとしたが、赤穂船で抜売りする者がありこれも失敗した。

このような赤穂の抵抗は、大坂の尼崎屋の勧誘で大坂専売に結晶した。大坂塩問屋仲間に赤穂藩蔵屋敷が割り込んだわけである。しかし専売仕法は、在地問屋の買いたたき、生産者の抜塩(容量不足俵)による反抗、偽赤穂塩の出現で、廃止に追い込まれた。このあと塩政は一時後退したが、天保初年から強力な塩業対策を打ち出し、藩が生産・流通・分配を支配する絶対主義的改革を行ない、現物貢租として新たに三斗俵を生産させて運賃積によって、これを敷札人炭屋を介して近江・京都・伊賀の新ルートを開拓した。

大坂塩商の抜けがけ商策・蔵屋敷の問屋仲間への割り込みなどは、株仲間の団結弛緩・新問屋の出現であり、これが天保一二年(一八四二)の株仲間解散令への方向でもあったろう。

嘉永四年(一八五一)の問屋再興令後の大坂問屋は古組と新仮組の対立で混乱しているが、赤穂は問屋四軒を指定し、三斗俵の新ルートでかなり収益をあげたようである。さらに文久二年(一八六二)には再び大坂専売を計画しているが、藩の内紛のためその実効は不明である。

＊参考文献─「大坂同盟塩問屋沿革史」(『大阪経済史料集成』)、『大阪府誌』、『大阪市史』、『日本食塩販売史』、『流通史』(『体系日本史叢書』)、『大阪商業習慣録』、「浪花雀」、『赤穂塩業史』、『赤穂市史』

江戸下り塩問屋の取引慣習

江戸へ入る塩は、行徳を中心とした江戸湾岸の地廻り塩と、瀬戸内産の下り塩であったが、主流は勿論下り塩であり、承応年間（一六五二～五五）に既に江戸に入った塩船二五〇～三〇〇艘、約五〇万俵、明治初年の塩廻船の総数三三〇艘、積載総量二一〇万俵とある。この大量の塩を四軒の下り塩問屋（松本屋・渡辺屋・長島屋・秋田屋＝文政期）が仕切り、二一軒（文化期）の下り塩仲買が配給していた。

塩廻船は八〇〇石～一五〇〇石（天保期）すなわち塩五〇〇〇俵～八〇〇〇俵を積み、一〇〇〇石積で船長四丈七尺（約一四メートル）、深さ七尺五寸（約二・三メートル）、帆二丈五尺（七・五メートル）、二二反帆（一五〇〇石で二二反帆）であり、これに船員―船頭（船長）、親父（庶務会計）、賄（荷物受渡）、表師または水切（航海長）、水夫（雑役）、炊夫（炊事係）の一二人～一三人が乗り組んだ。

塩廻船は基本的には、一種の独立した塩販売の機関であり、荷主の代理としてまたは船頭自身が自己の名において産地の塩を買積み、これを江戸において販売するものであった。

品川に船が着くと、まず下り塩問屋が廻船式法によって船を改める（下り塩問屋は廻船下り塩問屋とも称し廻船問屋も兼業していた）。次に廻船問屋の支配をうける「小宿付船」が伝馬船を仕立て、船頭を迎えてこれを問屋に送る。船頭が着くと「下り塩仲買」に廻章を廻し、一定の場所にその集合を求めた。仲買内の行事が問屋と仲買の間に立って塩価を協商し、まとまると手板割を行なう。これは一枚の紙にそれぞれの仲買の買付数量を符号をもって記入することである。符号は〇印日＝一杯（赤穂塩二〇〇俵、本・新斎里三三〇俵をあらわす）、△印＝半杯（各数の半分を示す）。

手板割が終ると、仲買は塩瀬取仲間に指示して「茶船」によって塩荷を揚陸するが、茶船が手板をもって本船に行くと、まず「廻し俵」を船頭より受け取り「塩直し」（俵の容量検査—一定の専門家がいた）を行なったのち、塩俵を瀬取る。茶船の積載量は赤穂塩の場合四〇〇俵、本・新斎は六六〇俵であった。仲買の店に運ばれた塩は、直ちに小売人または大量需要者に販売し、残りは倉庫に入れた。本船の荷おろしが終ると、船頭は手板を問屋に示して塩代金を受け取った。この際問屋は船頭に「仕切書」を渡した。

下り塩問屋の書く仕切書は、例えば、

仕切　　小判五十八匁割

一多喜斎塩　　五千八百俵

五拾俵差　　此差弐千九百俵

合八千七百俵

両に七俵替

代金千弐百四拾弐両三分　銀六匁弐分一厘

（諸手数量差引額省略）

〆金千百六拾九両三分　銀拾三匁五分三厘

右之通仕切金銀残相不渡此表無出入相済申候　以上

文久三癸年十一月

喜多村富之助

売人　忠　七

とあって、このように「五拾俵差し」とか、また「廿弐俵引け」などの記載がみられる。この仕切書の場合は多喜浜塩一両に七俵のものが、騰貴したため一〇〇俵建に五〇俵加えて、一〇〇俵の現品を一五〇俵の価格で買取るという意味であり、つまり五八〇〇俵の一・五倍すなわち八七〇〇俵の価一二四二両三分と銀六匁二分一厘で買取ったということである。また「廿弐俵引け」とある場合は一〇〇俵を七八俵の価で買ったということになったのである。

仲買に渡った塩は江戸府内のみでなく、川船積問屋や奥州筋積問屋などの手を経て、下総・上総・上野・武蔵・相模・常陸・甲斐・信濃各国から仙台南部辺りまで送られた、

＊鶴本重美『日本食塩販売史』、日本専売公社編『日本塩業大系』近世（稿）を参照。

塩談9　塩の値段

近世における塩の価格は一升（近世においては約一九一〇グラム）当り幾らくらいであったろうか。生産地においては、瀬戸内塩田地帯で五〜六文、東海・江戸で約一〇文、三陸海岸で約一五文、日本海岸・土佐で約一〇文、薩摩で約七文であった。これが内陸部へ入ると、振り売りで二里（八キロメートル）で二倍、三里で三倍といわれた。管見の及ぶところ、最高は一ノ関藩で一升約三〇〇文（これは藩が移入専売を行なって仙台湾から上って来る塩に多額の口銭を掛けたからである）、米沢藩では約一二〇文であった。この藩では湧出する塩泉を煮つめて製塩したが、燃料を無償とすると一升一一〇文ほどで生産でき、これを町場へ持ち出すと一升で一〇文ほどもうかったのである。米と塩との交換比も区々であるが、ほぼ米一に塩六〜八程度であった。薩摩藩では製塩者はガタブリといってさげすまれたが、その生産塩は米一塩一の割合で

交換された記録がある。

江戸行きの塩船はどれほど利益をあげたか

赤穂藩坂越港の廻船問屋である奥藤家の塩船、長安丸の経営を上村雅洋の報告（『赤穂市史』第二巻）によってみよう。

まず安政二年（一八五五）六月の「長安丸惣会計」により、その活動状況を示したものが次の表である。これによると安政二年（一八五五）三月二〇日～明治元年（一八六八）閏四月一四日の一三年間に四一仕立て（航海）、年間三・二仕立て、四ヶ月に一仕立ての割合で運航されていたことがわかる。また安政六年（一八五九）から塩俵の積載量が増えるのは、この年四月に新造の長安丸に代ったからである。

積荷は四一仕立てのうち三八仕立てが塩、三仕立てが城米である。塩はすべて買積みで、仕入先は塩屋村の浜野屋が大部分を占めるが、文久三年（一八六三）からは御崎新浜村の徳久屋善之助・川口屋・的形屋・尾崎村の小笹屋が一、二度みられる。一仕立て当りの塩は約五〇〇〇俵、城米の場合は約一三〇〇石となり、長安丸の規模が推定できる。

塩の販売先は、江戸の廻船下り塩問屋長嶋屋松之助が安政から文久元年（一八六一）までの大部分を占めていたが、文久二年以降はこれに代って同じ塩問屋の喜多村冨之助が大部分を荷受けするようになっている。他には伊勢屋孫兵衛（神奈川）が五仕立ての販売先としてあらわれている。また元治元年（一八六四）から慶応元年（一八六五）にかけては、藩の江戸産物会所への納入四仕立てが集中的にみられる。なお清水港の

仕立年月日	積荷数量（仕入先）			塩販売先	利益	
	運賃積	塩				
		俵			金両	銀匁
1855. 3. 20		大俵 4,250	浜野屋	長嶋屋松之助	54.02	1.4
6. 6		大俵 4,300		長嶋屋・清水吉野屋喜左衛門	53.31	4.12
9. 9		4,300	〃	長嶋屋	36.31	3.6
1856. 3. 21	材木40石・米	4,060	〃	〃	117.3	2.12
5. 27	材木	3,740		〃	99.21	3.23
7. 23		4,300	〃	〃	113.13	.32
12. 22		4,130	〃	〃	50.01	2.38
1857. 4. 6		大俵 4,150	〃		69.22	.31
6. 25	御蔵米20石	4,100	〃	〃	219.03	.92
11. 24	米20石	4,100	〃	伊勢屋孫兵衛	5.3	2.02
1858. 4. 9		4,200	〃	長嶋屋	7.32	2.17
7. 19		4,100	〃	伊勢屋	△109.1	△12.12
1859. 5. 19	米・炭2俵・箇物・木綿20箇	4,750	〃	長嶋屋	1.31	2.53
9. 3	米20石・御作事荷物・木綿20箇	4,700	〃	〃	△ 11.2	△ 1.83
11. 28	米20石・御作事荷物	4,700	〃	〃	50.02	.87
1860. （Ⅰ）	御城米 1,310石482合28				51.02	銭332文
（Ⅱ）		4,800		伊豆播磨屋勘次郎・伊勢屋	157.31	3.41
9. 22	米30石	4,670	〃	長嶋屋	200.13	.72
1861. 2. 15	米30石・炭20俵	4,670	〃	〃	△ 36.22	△ 5.34
6. 25	米・炭	大俵 4,720	〃	〃	146.31	6.15
（Ⅲ）	米	大俵 4,680	〃	伊勢屋	89	2.55
1862. 3. 7		赤穂 4,800	〃	長嶋屋	103.23	182文
5. 20		赤穂 4,800	浜野屋	喜多村冨之助	172.01	
8. 15		大俵 5,700	〃	喜多村・長嶋屋	150.1	.19
10. 23	御廻米 1,300石464合46				△ 17.31	△ 82文
1863. 5. 1		大俵 5,700	浜野屋 徳久屋	〃	42	4.87
9. 3		大俵 5,700	浜野屋	喜多村	517.32	11.27
12. 17		大俵 5,700	徳久屋		△ 32.32	△ 5.3
1864. 5. 20	御城米 1,340石960合				△ 43.3	△ 36文
9. 1		大俵 5,700	浜野屋	御産物会所	263.21	19.95
12. 24	米	大俵 5,580	〃	江戸産物会所	201.1	4.39
1865. 5. 24		大俵 5,600	〃	〃	388.03	.68
7. 8		大俵 5,700	〃	御産物方	226.2	4562.69
11. 4	米	大俵 5,580	〃	喜多村	10.21	.88
1866. 4. 17		大俵 5,700	〃	〃	368.32	.5
11. 6		大俵 4,810	〃	〃	667.32	13.55
（Ⅲ）		赤穂 4,810	川口屋 小笹屋	〃	△227.01	△ 2.67
1867. （Ⅰ）		赤穂 5,700	浜野屋	〃	211.03	316文
8. 13		大俵 5,700	〃	阿波屋	302.21	17.17
11. 26	本多様荷物	大俵 5,700	小笠屋 的形屋 浜野屋	喜多村	494.32	2.57
1868. 閏 4. 14	備中御屋敷荷物	大俵 2,300	浜野屋	伊勢屋	407.13	8.93
計					5575	4659.22 712文

〔注〕『大阪大学経済学』第30巻第4号上村雅洋著「幕末・明治期の赤穂塩輸送と廻船経営」より。△は損失

吉野屋喜左衛門、伊豆の播磨屋勘次郎、浦賀の阿波屋甚右衛門がそれぞれ一仕立てずつ販売先としてあらわれる。

添荷として材木・米・木綿・炭・作事荷物・御屋敷荷物などが積まれた場合もあり、これらは塩と違って運賃積みであった。これらの塩と添荷はすべて関東への輸送であったが、赤穂への返り荷が全く記録されていない。

この表から収支をみてみよう。粗収入は一三年間に四一仕立てで、金五五七五両・銀四貫六五九匁二分・銭七一二文で年間四三〇両ほどである。一仕立て当りの利益は買積みが主体となるため変化にとみ、最高では一八六六年に六六七両三歩二朱と一三匁五分五厘の利益があった反面、最低は同年二二七両一朱と二匁六分七厘の損失のときもあったようで、さまざまである。しかし平均すると一三〇～一四〇両の収入があった。

一方主な支出をあげると、各仕立てに直接関係する道中遣い・瀬取賃・手数料などは一仕立ての利益計算の際すべて差し引かれているので、ここでは省略するとして、安政二年（一八五五）の大作事に四五四両二歩一朱・一匁三分四厘、一八五七年の柱立て替えは一九両三歩・六六〇文、柱代四五両（うち柱売却代一五両差し引き）、一八五九年四月の新造は一一六六両一歩二朱・一匁五分六厘、一八六二年四月の柱修復一貫七二四匁八分五厘、一八六三年三月の楫修復七一両一歩二朱・一七四文、一八六四年四月の作事二九四両三歩三朱・八七四文、一八六六年六月の柱作事・碇直し六〇両一歩一朱・三九九文、一八六七年一〇月の新柱替え四一三両二歩三朱・五匁九分三厘で合計金二四六五両・銀一貫七三三匁六分八厘・銭二一〇七文の支出となる。結局差し引き三〇四〇両三歩二朱・二貫九二五匁五分四厘の純利益で、年間にすると約二四〇両の純利益をあげていた。

瀬戸内塩業は近世に操短（休浜）同盟を結んでいた

近世中期からの塩業不況を乗り切るため、瀬戸内塩業者は藩境を越えて、冬期製塩を休業しようという盟約（休浜同盟）を結び、これを断続的ながら明治二二年まで実践した。また休浜と併行して替持法が奨励されたため、これを休浜替持法とも称した。替持法とは塩田の塩付きをよくし、労働を節約するために、採鹹当日に塩田の二分の一または三分の一のみ操作〜採鹹し、他を休ませて乾燥〜塩分の付着を多くし、次回にこの部分を採鹹するという合理的な方法である。

休浜の方法には、二九の法すなわち二月から九月まで操業し、他の月を休む方法と、三八法（式）すなわち九月から二月まで六ヶ月休業するという方法があった。

休浜法は、宝暦年間（一七五一〜六四）まず瀬戸田浜の三原屋貞右衛門によって提唱され、宝暦一三年には安芸・備後・伊予の三ヶ国の代表塩田によって休浜同盟が結ばれ、一〇月より一月まで四ヶ月休業した。しかし、四ヶ月完全休業は尾道・竹原の塩田のみで、他の塩田は一〇日、二〇日と操業延べをして、遂に塩価下落を招き、休浜自体の崩壊も招いたという。

宝暦休浜瓦解のあと、明和八年（一七七一）三田尻鶴浜の田中藤六が再提案し、三八法と替持法をもって周防・安芸・備後の浜所を遊説し、その年尾道海蔵寺において第一回の同盟会議を開いた。その結果、芸・備・予は五ヶ月、周防は六ヶ月休浜が決定し四ヶ国同盟が成立した。また毎年三月安芸宮島で定期休浜集会をもつことも決定した。

はじめ盟約に参加しなかった瀬戸内諸浜も、次第にこの盟約に参加するようになり、文化九年（一八一二）には播磨、文政三年（一八二〇）には阿波も加入した。備前・備中は天保五年（一八三四）頃に、讃岐は安政頃に参加した。播磨が参加した翌年には休浜集会を備前瑜伽山で開催し、のち宮島と瑜伽山交替で毎年四月に会合をもつこととなった。この慣習は明治七年（一八七四）まで続いた。

次に休浜を実施しなければならなかった塩田不況の条件は何であったろうか。その一は新開塩田の増加である。単なる増加でも生産過剰となるうえに、近世中期以降の新開塩田は一軒前面積が一町五反ほどに拡大し、丸持をしても替持をしても生産力が高く、しかも新開塩田は沖方に干拓されるから、立地的にも生産性が高かったわけで、ここに当然生産過剰～塩価下落～塩田不況があらわれたといえよう。その二は近世中期以降の塩廻船の多くが買積船であり、買積廻船はそれ自体が一つの独立機関であり、また一〇〇〇石積みというような大型塩廻船が、その建造費をめぐって都市塩問屋との間に資本支配関係を生じていたため、買積廻船による塩生産者の収奪がみられた。これらが塩田不況を醸成したといえる。

休浜は不況克服の一方法であったが、本質的には生産の合理化すなわち生産コストの引下げが考えられるべぎであった。『塩製秘録』はこれについて「休浜替業の極意といふハ、費を能く除く事第一なり」と明言している。製塩費用は、その四〇パーセントを占める人件費と五〇パーセントを占める燃料費を主とした。人件費＝労賃の節約は、冬季休業による労働者の削減から始まり、月切浜子の創出にみられる。享保頃から始まり、宝暦頃には八月物（者）、四月物、三月物、釜切などがみられ、弘化頃には「上八月」から以下一〇種類もの月切雇傭がみられるようになる。経営の合理化であるが、浜子にとっては非常な痛手であり、これがまた労働運動を活発化させた。

燃料費は、都市の発達から燃料需要が多くなり、価格の高騰をきたし、塩田不況を追討ちした。ここに石炭焚きの採用が考えられることとなった。石炭使用は木焚きに対して三〜四割の燃費節約となったのである。

もちろん同一瀬戸内塩田でも休浜に対する対応は異なった。大坂を中心とする畿内、東海・江戸を中心とする関東を販路とした播磨・阿波地方の塩田は参加に消極的であり、これに対し北国販売圏を主とする瀬戸内西部の塩田は積極的であった。また古式入浜（百姓小浜）の地域すなわち備前・備中・讃岐地域は販路が領内内陸部を主としたため、経営が安定し休浜の必要性は感じていないし、他塩田の販路に影響を与えるようなこともなかったため、同盟対象から外されていた。また休浜に参加した同一塩田内でも、上層有力浜人は積極的に、非力浜人・小作層、さらに塩田労働者＝浜子は消極的ないし反対の立場にあったことは当然である。

＊参考引用文献―河手龍海『近世日本塩業の研究』、隙売公社編『日本塩業大系』近世（稿）

操短同盟（休浜）の理論書『塩製秘録』

『塩製秘録』は三田尻（防府市）の塩業者三浦源蔵によって、文化一三年（一八一六）に完稿した。源蔵はこれを「塩者の家産を維持する秘録」といっているが、宝暦・明和頃からの瀬戸内塩業の不況を回避する方策としての、生産制限・生産費節減を説き、その実行と否との場合の利害得失を、巧みな比喩・具体的な数字を示して詳述し、さらに防長二ヶ国の塩田の実情、塩問屋の実態を記し、また塩業一般から製塩技法についても調査にもとづいた記述をなし、近世塩業史研究に重要な古典の一つとなっている。

原典は二〇巻で構成され、内容は次のようである。

巻一―揚浜法と入浜法を解説し、入浜法では替持・三ツ一持という塩田を二分の一または三分の一に分け、一日〜二日乾燥させて採鹹すると効率がよいこと。瀬戸内の特長と塩廻船への対応をのべる。

巻二―瀬戸内一〇ヶ国の塩田軒数二〇九五軒と、内海以外の製塩国を数え、全国製塩高を四二五万石乃至五〇〇万石と推定し、このうち内海の産額を三七五万石乃至四五〇万石と算定する。

巻三・四・五・六―防長二国の塩田の開拓年代、支配、塩田の構造、役所、塩問屋など、さらに百姓小浜（汲潮浜）などについて解説する。

巻七―全国各地の揚浜法、入浜法を解説し、内海製塩の好条件、各地の塩産額とその流通、燃料（薪・石炭）の消費と石炭の産地や直組方法、休浜の理由とその期間、替持法の利点、塩田の労働力などをのべる。

巻八―塩田地盤の構造と善悪、西国塩の利き目と各地方の鹹味の好み。塩の流通と東部瀬戸内塩と大坂〜畿内市場、西国塩と九州〜裏日本市場との関係をのべ、休浜法を上方塩田へも拡めるべきことを説く。

巻九―休浜の沿革とその効果についてのべ、休浜同盟が破れた時期の塩業不況の状況、同盟復興計画を公儀が許可し、備後・安芸・伊予・周防四ヶ国の盟約が明和九年（一七七二）より実施に入り、塩業が好勘定となったことをのべる。

巻一〇―休浜の極意は燃料費と人件費の節約にあるということから説き、休浜が塩業繁栄の基となる理論を数字をあげてのべる。

巻一一―源蔵が最も効率がよいと説く休浜・替持法の収支計算を示す。

巻一二―三田尻塩田一町五反歩について、年中替持と二ヶ月休浜して一〇ヶ月替持を行なう場合の収支計算を示して、年中替持は産出量は多くなるが、塩価銀一〇〇匁につき一五石替以下の安直になれば、二ヶ月休業一〇ヶ月替持のほうが利益が多くなることを示す。

巻一三―休浜六ヶ月操業六ヶ月替持と、休浜五ヶ月操業七ヶ月三ツ一持の場合の収支を計算し、これはほぼ同額の利益があがるという。

巻一四―休浜の効果を、宝暦～安永期（一七五一～八一）の休浜による塩田繁盛、天明期の三田尻のみの休浜による倍々繁盛、逆に天明八年（一七八八）新塩田を開拓したために、その近辺の古浜が難渋したことなど、歴史的に解説し、合せて三田尻の乱法騒動や石炭危機、石炭運上惣動などを述べる。

巻一五―天明飢謹以降の塩価高騰について大坂番所の諮問に対する弁明と、文化期の塩業盛衰をのべる。

巻一六・七―文化四、五年の休浜盟約の混乱を詳述し、文化五、六年の各塩田の休浜日数を決める集会の混乱状況と、その結果として三田尻六ヶ月、芸・備・予三ヶ国と三田尻以外の防・長二ヶ国五ヶ月と決定した事情をのべる。

巻一八―生産した塩は、販売した収益も、生産費として支払う分も、すべて生産国の国益となるわけである。しかし生産過剰となって塩価が下ることは国益とはならないのであると説く。

巻一九―とにかく塩価下落を防止するためには、休浜と替持を実施すべきであると力説する。

巻二〇―文化八年（一八一一）防・長二ヶ国の休浜日数が郡奉行によって規定され、これより播・阿・讃の諸浜が休浜に関心を示し、文化一一年には播州が休浜を試み、その年四月の瑜伽山塩業者集会には、播磨・備後・安芸・伊予・周防・長門から三八名の者が参会し、文化一三年には宮島で集会をもち、これより漸次十州休浜盟約が固まっていくであろう方向を示している。

この秘録は江戸末～明治の休浜同盟推進のための理論的武器となったのである。

諸藩の塩専売（国産仕法）

近世諸藩で専売制ないしそれに類似した制度を行なった藩を表示すると次の表のようになるが、塩の生産から配給まで藩自身が独占し、これを幕初から幕末まで続けた藩は、仙台と金沢のみである。他の多くは、非生産藩の場合は塩の確保と口銭の収奪、生産藩は藩札で収納した塩を江戸・大坂で正貨で販売するという型を一般的としたが、いずれも領民の反対、塩問屋らの妨害にあって永続しなかったようである。

藩名	年代	仕法	年間生産（移入）量
八戸	文化一三年 文政九~天保四	領内製塩独占	約一万石
盛岡	寛政四~六年 文政六~八年 天保六~八年	領内製塩独占	約二万石
仙台	幕初~幕末	領内製塩・配給の独占	約一〇万石
中村		産塩1/5を藩納、4/5を役銭納入により自由販売	約一万七〇〇〇石
会津	宝暦一〇~明和四、 寛政元~一二 文政五、 文久元~	新潟入津塩直買—領内配給「塩御直計」 三田尻塩四万石直買—塩価引下げ	約二万石

近世諸藩の塩専売一覧

水戸	明和～安永	塩干肴類会所による統制	
金沢	承応頃～幕末	貸釜・塩手米制度により生産掌握―販売独占	約一五万石の内 約一二万石他領へ移出
松本		上納御用塩の入札販売	移入北塩
松代	嘉永二年～	薬草と交換移入の西国塩の領内配給専売?	一万九五〇〇俵約八〇〇〇石?
福井	寛政一一～文政一一年 天保八～一一年	三国湊入津塩独占し「蔵物御取捌会所」で入札販売	約八万石?
和歌山		御仕入方による移入塩の統制	
姫路	文政八～天保一一年＝江戸 天保一一年＝大坂	塩会所が藩札で生産塩を購入し、江戸・大坂で正貨を収納する	八〇万石の内 四〇万石を江戸へ
竜野	文政一二年	自領塩を醬油生産に使用させようとするが塩質悪く失敗	
赤穂	文化六～文政六年＝大坂 元治～慶応＝江戸	真塩を蔵物として大坂蔵屋敷で入札販売↑正貨収納 差塩を江戸産物会所↓地廻塩問屋	三五万石の内 江戸・大坂各四〇パーセント
岡山	弘化二～弘化三	児島塩田のみ対象として産物会所設置↓大坂売捌会所入札販売、大坂問屋の抵抗により失敗	三七万五〇〇〇石の内 他領へ三五万石移出
松山	幕初	領内生産塩独占―城下松山で配給	
広島	文政一二年	藩自身の手で竹原塩江戸移出―失敗	
鳥取		塩座↓塩方役所―移入塩掌握、陸上塩田に塩入米制度	
徳島	天保一一年 弘化二年本格化	新開・再起塩田の生産掌握↓江戸塩会所を通じて販売、旧問屋の妨害にて形骸化	四二万石の内 三〇万石を江戸へ

竜野	文政一二年	自領塩を醤油生産に使用させようとするが塩質悪く失敗	
赤穂	文化六～文政六年＝大坂 元治～慶応＝江戸	真塩を蔵物として大坂蔵屋敷で入札販売↑正貨収納 差塩を江戸産物会所↓地廻塩問屋	三五万石の内 江戸・大坂各四〇パーセント
岡山	弘化二～弘化三	児島塩田のみ対象として産物会所設置↓大坂売捌会所入札販売、大坂問屋の抵抗により失敗	三七万五〇〇〇石の内 他領へ三五万石移出
松山	幕初	領内生産塩独占―城下松山で配給	
広島	文政一二年	藩自身の手で竹原塩江戸移出―失敗	
鳥取		塩座↓塩方役所―移入塩掌握、陸上塩田に塩入米制度	
徳島	天保一一年 弘化二年本格化	新開・再起塩田の生産掌握↓江戸塩会所を通じて販売、旧問屋の妨害にて形骸化	四二万石の内 三〇万石を江戸へ
福岡	元禄一三～宝永五年	領内産塩独占―口銭一俵に六分二厘五毛↓領内販売	五〇万俵中一一万俵移出、他は自領内販売
岡	文化頃	自由販売・塩問屋廃止要求	
大村	文政一〇～一一年	藩直営塩田開拓―直小作経営	
佐賀	天明七年― 天保二年―	「塩御買入御仕与」の法 「塩仕組」＝惣買上制	
熊本	文政頃?	藩直営塩田の御用塩制度?	

＊本項は吉永昭「近世の塩専売制」（『日本塩業大系』近世〔稿〕、所収）を要約してなったものである。

江戸湾に塩田二千町歩の干拓を夢みた男

幕末の絶対主義的思想家佐藤信淵（一七六九〜一八五〇）の江戸湾干拓計画を、

(一)『漁村救済法』　父信季著　信淵校訂　安永九年
(二)『経済要録』　信淵著　文政一〇年
(三)『別本内洋経緯記』　信淵著　文政一一年
(四)『内洋経緯記附勢子石伝来説』　信淵著　天保四年
(五)『物価余論簽書』　信淵著　天保一三年

によってみよう。

(一)では彼の父信季が、漁民の不漁凶年に備える一策として、既に塩田経営の必要を指摘している。(二)では巻一三に、塩消費の重要部門である塩合物について、諸国の特産をあげ、塩の重要性を考察し、巻一五には社会改造に関する緊急要務を一八ヶ条あげ、その第一六に塩田干拓の必要性をのべている。(三)は(四)の稿本ではなかったかと思われる。(四)では彼の江戸湾干拓案の全貌がうかがえる。

まずその理由と目的は、既に化政期から英・露の黒船が近海に出没して、海上の物資輸送の危惧が大きくなった。もし異変が起こり、関西や東北からの廻船による物資輸送が、一年間も停滞すると、膨張している江戸人口の食糧が不足し、遂には騒擾が起こらないともかぎらない。そのため米・塩の自給体制を関東地方単位でととのえておくというところにある。

そのための水田と塩田の干拓場所は、江戸湾以外にはないとして、江戸湾の測量や海岸諸村での海浜遠浅化の聞き取り、湾内海底変動の歴史的研究、流入する河川の地理的調査の結果を示し、行徳・船橋から富津浦までの干潟の拡大を証し、利根川分流や小諸川の流路変更による田畑地の拡大計画を示し、さらに家伝の勢子石の法をもって、干潟の堆積を速める方法をのべる。さらに具体的に埋立工事用の抗とする松木の寸法から必要本数、埋立土砂の必要量、その採取場所、運搬～工事人足数、日当の計算、さらに堤防などの干拓技法、海運につながる内陸水路の掘削とその土砂の利用、さらに新干拓に伴い発生する漁業補償の問題、港湾問題の解決策、退潮現象による廃田化の問題、江戸湾と瀬戸内海の波浪強度の比較なども考究している。

（五）において、干拓方法の大要とその成果をまとめている。すなわち沖へ一〇〇町（約一〇キロメートル）、長さ二〇里（約七二キロメートル）の地を得るために、まず岸から沖へ一〇〇町の所に表（示抗）を立て、勢子抗を打ち並べると、南風の荒波に砂が打寄せられ、その内側は二～三年の間に六～七〇パーセントも埋まるであろう。このほか埋土を、御府内の外堀川、出洲、加奈川～羽根田辺りの泥土、新斗根川・仲川・大川などの泥土を浚えて、土舟を風に引かせて運ぶ。また中洲泥を深く浚うときは水馬や軍船の調練と兼ねてもよい。また関東の河川は堆土で河床が浅くなり運送に難渋しており、また出水にも水損が多い。先年関西で淀川・安治川などの川浚の際に舟持らに出銀させた例もあるから、このようなことも考慮してよい。それはともかく年々一〇万両ずつ出金すると、一〇年ほどで埋立は完了する。

この埋立地は約七万二〇〇〇町歩となるが、そのうち二万五〇〇〇町歩を新田とすると約三〇万石の収穫があり、年貢は一二万石となる。また浜手二〇〇〇町歩を塩田とすると、凡そ一町歩で晴天二日に塩一〇石として、一ヶ月に一五〇石、年に一八〇〇石となるが、雨天を八ヶ月、晴天を四ヶ月とした場合、一町歩で年六〇〇石、二〇〇〇町歩で一二〇万石の生産となる。そのうち一〇分の一を年貢とすると一二万石となる。金に換算すると、一両に米一石二斗五升とみると、年貢米一〇万石で八万両。塩一石を銀一〇匁とすると一二万石で二万両、合せて収益は年一〇万両となる。と計算している。

この(五)は天保九年ある大名の諮問に応じて執筆したと思われる『物価余論』の主旨を発展させて、天保一三年に著述したもので、物価を平準にし、行き詰る幕政を救済すべく大抱負を述べたものであるが、これを丹念に分析すれば、天保期の製塩業がかかえる問題の解決にヒントを与えるものがあり、あるいは明治専売制への基本線が伏せられているように思われるのである。しかし塩技的面からいえば、塩田地盤砂と撒砂の質の問題が配慮されていない点は気になるところである。

枝条架濃縮法は既に幕末に導入されていた

安政二年(一八五五)薩摩藩主斉彬は、製塩自給を目標に、蘭・英・独の製塩法「灌水汐法」を、川本幸民に翻訳させ、同年五月帰国して天保山で赤穂式塩田法、中村で「灌水汐法」の実験を始めたが、翌年急逝し実験中止となった。

安政五年幕府は島立甫(南部藩士)から次のような実験申請を受けている。すなわち腰越村海岸において、製塩場約一反歩、その中に二〇坪ほどの仕掛小屋三、一五坪ほどの釜屋一、溜槽九ヶ所を設け、海から直接に迸射(ポンプ、略式には船の汲子=スッポンでも可)で揚水し、筧で仕掛小屋の枝条架へ流すように述べている。

但し実行は不明。

万延元年（一八六〇）南部藩に大島高任が上申している。内容は、「淋乾法」は気象・地形に左右されない採鹹法で、南部藩に最適である。これによって藩需要塩五万石のうち不足分三万石をまかない、さらに余分の五万石を他藩に売り、合せて二万両ほど藩財源に加えるという想定である。しかし、この案は不採用となったようである。

万延元年鳥取藩で伊王野坦が鳥取賀露港の西海岸で実験し、さらに翌文久元年石脇浜で実験したが、「時分柄雨天勝且仕掛も難行届塩之成否未相分不申」と不成功に終った。

文久二年（一八六二）甲府商人が、駿河加島郷から田子浦一帯での洋式製塩を立案している。出資人金方元締甲府柳町和泉屋平右衛門、取扱人上沢潔己、起立人（構築技師）島就太郎後見島立甫三名と、本郷石見守知行所富士郡川成島村々役人との間に製塩議定が成立している。しかし実験その他については不明である。

文久二、三年頃、栗本鯤が箱館での洋式製塩を計画している。鯤の回顧談を載せた『匏庵遺稿』中の「養蚕起源」に、文久二〜三年頃箱館奉行所組頭として殖産に従事していた頃、「武田斐三郎に命じ蘭書を翻訳せしめ、寒地にて塩を得るの仕方を穿鑿……書中述ぶる所は……潮水を高き所に汲み上げ細竹枝条を伝えて灑下し、風気を以て水分を吹き散らし塩味を濃ならしむる方法なれど、其細竹枝条の北地に無きと、潮水を高きに汲上る仕様の手重なるに憚りて、未だ着手に及ばざりし」と枝条架法製塩をのべている。

文久四年（一八六四）仙台藩では指南人多田平治・熱海貞治によって、淋乾法濃縮を内示し、慶応元年（一八六五）から実施にかかり、慶応二年には西洋食塩蒸騰楼建設、翌三年ポンプによる揚水が始まるが、継目不備のため不成功、結局牛車による汲みあげによったが成功しなかった。

さて以上の如き「淋乾法」或いは「灌水汐法」という濃縮法（一五五九年〔永禄二〕ドイツで考案されたものである）は、海水を「迸射」「ポンプ」或いは「汲子」「スッポン」或いは「牛車」などで汲みあげ、「仕掛小屋」或いは「蒸騰楼」の内部か、またはそういう覆小屋なしに、野天に設けられるかした「細竹枝条」架の上に「筧」で流し、これを霧状に滴下させ、「風気」をもって水分を蒸発させ、鹹水を下の「溜槽」に貯え、「皿釜」にて煎熬するというものである。これの生産効率は、一昼夜に四〇〇石の海水を一二〇石に濃縮し、これによって三五石の食塩を得ると計算している。操業は年間一五〇日、労働は一日一四名である。とすれば、製塩量は一人当り三七五石となる。入浜塩田では年間一人当り約一八五石であり、しかも塩田地代、維持管理費は比較にならないほど高額であるから、淋乾法は非常に効率のよい採鹹法であったこととなる。

淋乾法の特色をあげると、まずこれを主導した人物が、すべてシーボルトを頂点とした蘭学関係者であったこと。この計画があらわれる時期は幕末期に集中していること。また計画された地域が製塩条件に恵まれず、従って塩の移入地域であり、そういう事情から製塩技法が後進的ならざるをえない地方であり、しかもこの計画がいずれも失敗に終った。ということとなろう。

失敗の理由は、最も原始的な、しかも農業的製塩法の中へ、水を動かすという工業的製塩法が唐突に導入されたということ。製塩不適地であるから高濃度の鹹水が得られず、しかもそれをカバーできる煎熬技法も後進的であったということ。そういう地域であれば塩業に企業家的精神も成立していなかったと思われ、従って導入した藩権力が動揺し没落した場合は、それを受け継ぐ企業家があらわれなかったであろう。さらに致命的条件は揚水ポンプの技術と動力の問題であったといえよう。

瀬戸内にそれが導入されなかった理由は、塩の生産過剰、労働力の過剰、塩業者＝直接生産者の資本不足、塩問屋—塩田地主層の体制維持の守旧性にあったといえよう。

塩談10　花の絵島の塩漬け骸《むくろ》

正徳四年（一七一四）正月、大奥筆頭の美人女中絵島と、当代随一の濡れ事の名人生島新五郎とが情を通じたという事件が起こった。

高六〇〇石の大奥筆頭の御年寄である絵島と、人気絶頂の歌舞伎役者生島のスキャンダルは、江戸の雀のかっこうの話題となった。絵島は、甲州藩士疋田彦四郎の子で、本名みよといったが、母の再婚で複雑な環境に育ったようである。大奥に奉公して才女ぶりを発揮し、七代将軍家継の生母月光院つきの御年寄となり絵島と称し、権勢並びなき筆頭年寄となった。

正月一二日芝増上寺への代参の帰途芝居見物をしたという理由で、まず兄の白井平右衛門宅に監禁され、いっぽう生島には拷問がくりかえされた。三月五日判決があり、絵島は信州高遠へ流罪、生島は三宅島へ流島ということになった。この事件は多分に政権争奪にからむ捏上げという色彩が濃い。

三四歳で高遠（三万三〇〇〇石）に流された絵島は、六一歳で病死するまで実につつましく生きた。遺体は江戸から検死役人が到着するまで塩漬けにされていた。

　雁が渡るに出てみよ絵島　今日は便りが来はせぬか
花の絵島が唐糸ならば　手繰りよせたやこの島へ

信州の山峡に歌われる絵島節の一節である。

近世においては、死体塩漬けの記録はあちこちでみられる。身元不明の死人などは縁者が訪ねて来るまで塩漬けとしたり、キリシタン信者なども処刑後塩漬けとされている。臼杵図書館にも「本人塩詰之者覚」などという記録が展示されている。

近世末期における塩の消費

近世末期における瀬戸内沿岸の入浜塩田は約四〇〇〇町歩と算出される。その塩田による生産量は約四〇〇万石と推定され、瀬戸内以外の生産量推定約七〇万石と合せて、全国塩生産総量は四七〇万石と推算される。

近世における塩の種類は、差塩（塩分六〇～八〇パーセントの粗悪塩）、真塩（塩分約八〇～八五パーセントの上質塩）、焼塩（真塩を焼き、含有する$MgCl_2$をMgOとしたもの）などが主であった。

塩の消費地には、それぞれの好みがあり、上方～畿内や都市では真塩を好み、農山村では差塩を好んだが、東北・北陸や内陸部では塩価が高いため、高価な真塩は敬遠された。焼塩は極く上層部の人。また贈答用に用いられる程度であった。

生産地で俵装される塩俵の容量は千差万別で、表示（呼称）容量と内味とはかなりの差があった。また苦汁分の除去が完全でないため、運送や貯蔵の間に多く目減りしたことも原因の一つであるが、差塩では俵装の一〇日後には二〇パーセントの目減りがあり、これが公認されていた。

瀬戸内塩の販路はおおまかに、その東部のものは畿内・東海・関東、西部のものは九州・山陰・北陸・東北であったといえる。

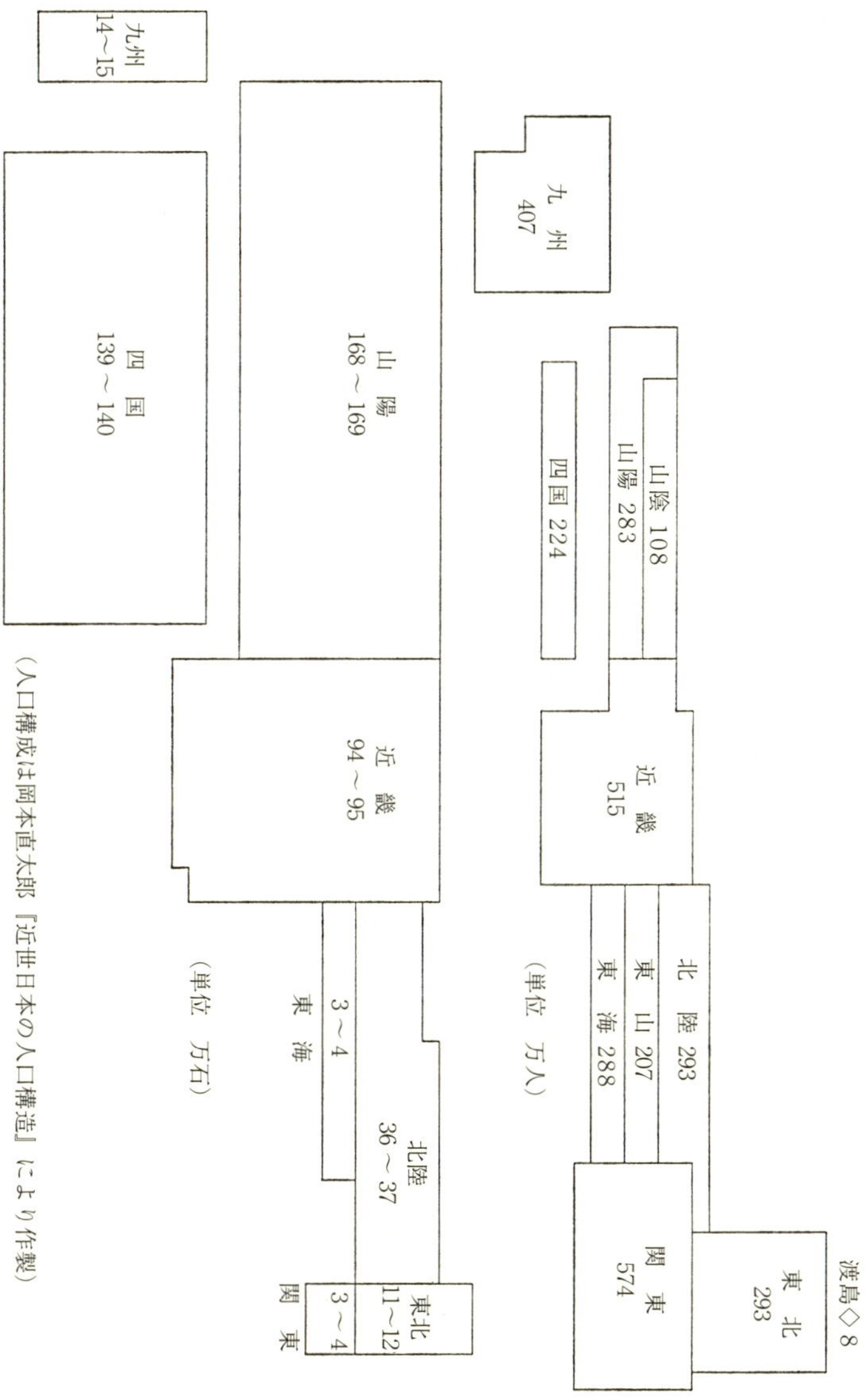

近世における地域別人口構成と塩生産構成

(人口構成は岡本直太郎『近世日本の人口構造』により作製)

さて、これらの塩の消費を分類して、その消費量を推算してみよう。

調味料としては、現在の食卓塩と同様に、また飯・粥の鹹味とし、麺類・餅類の鹹味ないし麺類のツナギとして使用されたが、昭和六〇年度の調味用塩の消費量が約一〇万トンであるから、近世の人口を現在の四分の一として二万五〇〇〇トン、即ち一五万石となるが、近世の食餌の実情から考えると、少なくとも二五万石が調味用塩として消費されたと思われる。

食品加工用としては、醤《ひしほ》・醤油の醸造では、昭和九〜一一年頃の醤油消費量が年間約五〇〇万石、近世ではその三分の一とすると一六七万石、そのうち塩の含有量を二〇パーセントと現在より少し多目にみると、約三三万四〇〇〇石と算出される。また味噌の場合、塩の含有量に地域差があるが、近世においては関東北部以北が三三パーセント、その他が二三パーセントと算出できる。味噌の消費量を前者を年間一人約一斗、後者を約三升として、必要塩量を算出すると約四九万四〇〇〇石となる。また魚醤・豉《くし》・納豆・蒲鉾などでの使用量は算出困難であるが約八万石程度と思われる。

食品保存用としては、漬物用塩が最も多い。年間一人当りの漬物消費量は平均一斗五升となり、近世の漬物は材料一斗に平均二升六合を使用したと算出されるが、やや多くみて漬物用塩は約一二五万石と算出される。塩魚・醢《ししびお》（塩辛）・鮓については、明治初年の乾魚生産量から推定を重ねてみると、魚類塩蔵用塩は一二〇万石と推算される。

農業・皮革・鉱業・窯業用の塩としては、家畜飼料四万石、選種、肥料、除虫に若干、原皮保存に五万四〇〇〇石、鉱・窯業に若干、合せて約一〇万石の消費が考えられる。

医療・防腐・洗滌なども推定困難であるが、死体保存、歯みがきなどを合せて、約四万石ほどの消費がみこまれる。

宗教的儀礼にも、浄め、供物・角力などに約一万六〇〇〇石が推定される。

これに消費者の手に渡るまでの目減り分九四万石を加えると、近世後期日本の塩消費量は年間四七〇万四〇〇〇石となる。当時の人口を三二〇〇万とすると、一人当り平均二割の目減りを含めて一斗四升七合となる。なお各部門別の推定計算の典拠となる史料については、後日発表する予定である。

塩俵と目減り

塩俵の形態は瀬戸内各塩田では大同小異であった。また米・木炭俵は横積とするが、塩俵は立てて、三俵～五俵を縦積とした。その平面は円型あるいは梅鉢型が一般的であった。

俵の容量は全く区々であり、その二、三の例をあげると、

大塩―八升・一斗・一斗二升五合・一斗四升五合、他に三〇余種、五斗・六斗の麦藁俵もあった。

赤穂―五斗・四斗・三斗五升（大俵・差塩俵）、一斗（小俵・真塩俵・古塩俵）

松永―五斗二升（大俵）、三斗五升（斎田大）、二斗五升（斎田小）、一斗五升（小俵）

竹原―五斗二升（大俵・本俵といい、塩価や生産・販売などの計算はすべてこれを基準とした）、二斗五升（小俵・二ツ切）、一斗三升（中俵・四ツ切）

三田尻―五斗俵・一六俵・九一俵・八升俵

撫養―二斗五升五合

多喜浜―二斗六升（分ヶ俵六分）、二斗五升五合（分ヶ俵八分）、二斗七升（新斎田俵・二七仕舞）、四斗八升（六符俵）、三斗六升（六符俵改良）、五斗二升（七符俵）

などである。

塩俵容量の雑多性について、その原因を、林田塩田では先物取引契約後に価格が下落し、その損失をカバーするために減量俵を作らせたり、また俵の名称の信用の陰にかくれて容量不足俵を奸商が作らせたことなどをあげている。しかもそれが「因襲ノ久シキ遂ニ公然ノ秘密トナリテ需要者・供給者共ニ怪マサルニ至」（平生塩田）ったものであるという。容量の雑多であったことは、他の商品の場合と比較してみる必要があろう。

近世の塩は表示通りに詰めてあっても、水分や苦汁が完全に除かれていないため、貯蔵～運搬中に多量の目減りがあった。延享三年（一七四六）の小豆島の史料では、島での俵装から大坂での納入の間において、五斗二升四合詰めで八升四合すなわち一六パーセントの目減りを公認している。また三浦源蔵も備前・播磨の塩五斗入俵が大坂では三斗七升となり、二六パーセントの目減りがあるとのべている。在庫～運送の期間が明らかではないが、仮にそれが一〇日間としても約二〇パーセントの目減りがあったといえよう。明治一七年ではあるが、関東奥地においては瀬戸内塩が「俵裏ワズカニ一団ノ残塊ヲ留ムルノミ」と嘆かれている。

塩業立地の集落は飢饉に強かった

飢饉の際の食餌は、野獣・犬・猫・鼠・牛馬を食い、さらに植物質を食餌とした。明和年間の『民間備荒録』や天保の『救荒孫之杖』『粗食教草』などには、葛・蕨・昼顔・百合・山芋・山牛蒡・慈姑《くわい》・野蒜・おおばこ・かや・椎・とち・松・なら・くぬぎなどの葉、根、実、その他彼岸花の根、松の皮、藁餅、さらには火山性の白土などを備蓄食としてあげている。渡辺実『日本食生活史』によると、松は白皮を灰汁に入れ柔かくなるまで煮て、流水にさらし、細かくきざみ臼で搗き、麦粉などを混ぜて餅や団子にし、あるいは白皮を臼で搗き、水に浸し、密閉して苦味や悪臭が抜けるのを待ち、汁をこして乾かして白粉をとり、これに米・麦などの粉を混ぜて餅とし、また松葉は釜に入れてゆがき、水にさらし、細かにきざんで煎り、搗いて粉とし、藁麦粉などと混ぜて団子として食したとある。また藁莚なども、石見日原村では「古くてぼろぼろになった勝手の藁莚は塩気がしみ込んでいたので食べられた」という。

食べられる植物もなくなると、紙も食べた。『経済要録』は、「……昔天明年中……飢饉にて……我家貧なれども、幸に故紙の多かりしを以て、乃此を水に漬して蒸し、搗て些計りの糖粃を調和し、餅となして此を食せしに……親族此紙餅を食ふことを知り、村内六曲庵の一切経、宝泉寺の大般若経を始め儒書も皆食て、一郷の男女六七百人終に餓殍の災を免れたり」とある。

しかし植物質のみを食餌とすることは甚だ危険であった。建部清庵が宝暦五年（一七五五）の奥羽飢饉を機として著わした『民間備荒録』は、植物質食糧は塩を加えて食わねば、備荒食として効果がないことを次のように述べている。

総じて飢饉の時、人の死するは食物のなき故死するばかりにはあらず。数日塩を食せず、脾胃に塩と穀気と共に絶えたる所へ、山野の草根木葉を、塩をも加へずして食する故、毒にあたりて死するなり。塩をさへ不絶食すれば、草根木葉ばかり食しても死なぬものと見えたり。塩は荒歳第一の毒消なり。肝煎・組頭よく心を尽し、其時々に塩の貯に心を付け、数日塩を食せざるものには、塩をあたふる了簡す

れば餓死人なかるべし

このことは既に元禄一〇年（一六九七）の『農政全書』にも、苦行僧が山へ入るに当って、塩を竹筒に入れて携行し、草などを食べて毒がある時には、塩で解毒すると記している。これらの飢饉の時の食餌と塩の関係は、『救饑提要』（嘉永三年〔一八五〇〕佐伯義門著）、『補饑新書』（東条信耕著）、『飢饉考』（安政年間〔一八五四〜六〇〕横川良介著）、『ききんのこころえ』（万延元年〔一八六〇〕羽田野敬雄編）などにも引かれ漸次普及していったようであり、それはまた塩生産地においても、三蒲源蔵が『塩製秘録』に次のように裏付けている。

むかし享保十七子の年、ひきうすにはかまの《が》やれるなんさへ《よ》といふ歌流行しに、長秋虫枯の大変となりしと、不熟の歳は海藻野菜草木の葉、藁、松の皮迄も喰ひ、穀乏しければ塩は入増するのよし云伝へり。天明七未の年諸国不熟にて穀類高値となり、大飢饉となりしか、人は享保の飢饉のやうには餓死せざりしなり。然るに此国は塩前代未聞の高値なりしと……。（巻一四）

明治維新は塩業にどのような影響を与えたか

維新の変革にともなう塩業界の混乱をみてみよう。一般的にいえば瀬戸内以外のものが深刻であった。具体的には防潮堤修繕費等の補助金の打切り、燃料供給等の便宜廃止、専売制廃止による混乱―粗製乱造、廉価塩の流入による衰退などである。仙台藩などはその好例である。しかし能登塩は塗浜の高生産力と、七尾県―石川県の勧業政策に支えられ、塩業経営を続けることができた。

瀬戸内塩業の場合を、赤穂塩田でみてみよう。藩権力と共生関係にあった塩田地主兼塩問屋などは、明治四年に藩権力を見限った。塩業経営に藩権力を利用できないとすれば、彼等は自らの力を結集して、塩買船・石炭船と塩田労働者に対して、浜主共同体による権威を構成しなければならなかった。この動きが明治三〜四年の「浜人集議所」の創設計画となる。趣旨は、塩業の生産と経営を会議・公論によって合理化ないし正当化しようというもので、浜主全員で定期的に集会をもち、腹蔵なく意見をのべ、旧来の弊習を一洗し、とくに労働支配の強化をねらったわけである。これは塩業組合結成意識の萌芽である。

一方、集議所開設等でも心配されていた労働者の反抗は、明治五年頃から表面化し、前貸給金の規定を守らず、団体交渉による法外な給金を要求し、拒否すれば給金と雇傭の契約期である年末に惣動も起こりかねない状況ともなった。また庶民のみならず下級武士の困窮も甚しく、明治二年俸禄削減のあと武家の婦女子で夜間に釜屋へ塩を乞う者が続出し、さらに浮浪困窮者も加わり強奪に及ぶ者さえ現われた。私傭の巡視人を巡廻させたが手に負えず、一〇年には浜主負担による四等巡査の派遣を請願せざるを得なくなった。

藩札の交換の問題も深刻であった。藩の会計局は数十万両の借財があり、その管下の融通司（旧藩札会所）は藩内金融業務が困難な状態にあった。このうえ藩札を廃止すれば倒産者もでるであろうし、他領への支払いと札価維持のためには、当然正貨を会計局に収納する必要があり、それは塩の他領販売による以外に方法はなかった。ために塩の積出量を「郡市役所」が把握して通幣司に通報し、販売代金の正貨をここに振り込ませることとしたが、船主・浜主への操業資金の先貸しは停止した。これでは塩業関係者は正貨を藩庫に納めるだけで何の恩恵もなくなったわけである。さらに新貨との引換は明治五年から行なわれたが、ここでも藩札は新貨の二割の価値しか認められず、塩問屋・浜主は大きな損失を受けた。塩は最後まで藩札仕法の犠牲となったわけである。

通幣司など藩権力が消滅すると、容量不足の俵や悪質塩があらわれ、勝手商売も始まる、結果は塩価の下落となる。燃料石炭の購入も高値で仕入れるような結果となった。ここに塩商社を設立する計画があらわれ、塩・石炭の共同売買というやはり塩業組合的な方向もあらわれる。労働力と商品塩の管理、材料の共同購入という強力な機関の構成が望まれたのである。

藩士の、塩田開拓を利用した詐欺的事件も発生した。近衛家は赤穂藩の二名の執政格の者と交渉して、塩田干拓をなすこととし、塩田一六軒前と釜屋・諸設備・諸道具を揃えて、一万二〇九四両余の見積書によって、明治二年三〇〇〇円、翌年に一六〇〇円を支払った。まもなく三軒前（約四～五町歩）がほぼ完成したとの知らせによって、近衛家が人を派遣したところ、明治三年の高潮の被害によって、新開塩田は破損し、修理費に多額の費用を要したため売却してしまった。今更どうしようもないという藩役人の返事であったという。明治三年には藩主森家の塩田開拓の完成した年であり、高潮・高波などの記録はみられない。明治四年には交渉を受けた執政格の二名は御役御免となっている。結局近衛家の開拓出資金四六〇〇円は有耶無耶に終ったわけである。

しかし混乱は末梢的なものであって、その構造を変えていくような大きな変動はなく、むしろ変化は松方デフレ策以降の塩田分解―地主・小作制の形成―にあった。

塩田の地租改正は田畑の場合とどう違ったか

塩田への「壬申地券」の付与は、その所有形態や旧貢租賦課基準の相違・附属の設備・備品の問題があって、地券代価の申告に難渋したようであるが、地価算定では収益地価の方法と売買地価の方法が併存したようである。

明治六年の「地租改正条例」に続く「地方官心得書」第一二章、七年の大蔵卿からの岡山県参事への指示、八年の「地租改正条例細目」第五章第五条によって塩田地価の算定方法をみると、「一歳ノ利益ヲ計リ実際ヲ算出シ」、「平年ノ製塩高ヲ計算シ、其価値」などを調査する収益地価と、「売買代価中器械ノ価ヲ除キシ純然ノ地価」などの売買地価の二様の算出方法を勘案して決定していることがわかる。収益地価を算定するためには塩価調査が必要で、田畑同様五ヶ年の平均代価が調査され「製塩代価平均取調書上帳」が作製された。

塩田面積の測量は、各村の責任において一筆限・一字限・一村限図のうち適宜一～二種の地図を作成させた。赤穂では明治九年に測量を完了している。もちろん新反別は増加した。揚浜系地域では平均約六倍、瀬戸内の入浜塩田では平均約四五パーセント増加している。

ついで地等の原案が作製される。その過程を兵庫県地租改正係のメモによって追ってみよう。明治九年末には県内塩田を巡回し説諭、地味の検査、関係帳簿の調査・指導・訂正などを行ない、翌年正月から県内各地の塩田比較表を作り、八月には岡山県野崎・日比塩田を視察、続いて福山・松永・竹原・向島・吉和各塩田で比較調査、月末には広島で反別・等級比準表の作成、九月初に塩田地等議事規則決議案を上局に送付、同二一日には播磨全域代表者会議をもち、これより各議員は、大区内に設定した模範村の塩田を基準にして、各地塩田を視察し、一〇月下旬から原案を調整していった。かくて明治一一年一二月姫路善導寺において、塩田・製塩場（釜屋）の新租免状が各村に渡され、ここに地租改正が完了した。地等は土地の生産条件を基礎に決定されたようである。

塩田の地価の算定には、生産費としてほぼ八五パーセントが控除された。赤穂加里屋塩田の揚合、生産費の塩売払代金に占められる割合は、一等塩田で七九・五パーセント、九等塩田で九三・六パーセント、平均八四・八三パーセントとなっており、地価地租決定書においても、この生産費がそのまま控除されて地価が決定されていることがわかる。控除率は十州塩田一率ではなく、竹原塩田では生産費率九七パーセントに対して控除率八五・五パーセント、野崎塩田では九四・一パーセントに対して「塩価一石金九銭、地価ハ実益ヲ六分制ニテ調査ス、然ルニ耕地ヨリハ労費夥多ナル」理由によって八九・九四パーセントと算出されている。

明治一一年末に地価・地租が決定したが、赤穂東浜塩田では、地租（一〇〇分の三）は旧税金に対して七七・四パーセントの増となり、また同年の製塩販売代金の四・六五パーセントとなっている。これを藩政期と比べてみよう。東浜の寛政二年の租率は四・九パーセントであって、新税率のほうが低くなっている。竹原塩田では藩政期が一八・二一〜六・四パーセント、新税率は三・一五パーセントとなり、岡山野崎塩田では地方費を含めても四・二パーセントである。生産塩代価に対する新税率は、むしろ低下しているのである。

この原因は、幕末までの塩田租率は一般的にはかなり高定率を続けてきたが、維新期に塩価が急騰し、売払代金が増加したことにより一時的にその税率の低下を招ぎ、この率が新税率の算出基礎となったためであろう。したがって「旧来ノ歳入ヲ減ゼザル」ことにはちがいないが、軽い税率に移行した改正前の旧貢租よりは倍増はしたが、幕藩的な重税までは復しえなかったといえよう。これはまた改正期が一般的に塩業不況期であったこと、塩田の地価のみ田畑・宅地と比較して高額にできなかった地券制度の性格によるものといえよう。

＊参考引用文献―有元正雄「明治維新と日本塩業」(『日本塩業大系』近代〔稿〕)

明治期に製塩技術は進歩したか

政府は明治一〇年・一四年に内国勧業博覧会を開き、一四年には農商務省を設置し、この頃から製塩に関心を示し始める。

明治一五年農商務省の地質調査所に塩業の実態調査を行なわせた。所長和田維四郎は『食塩改良意見』を公表し、製塩法は欧米のものと比較し改良すべきであるが、在来の方法が「本土固有ノモノ」である以上、気象条件の比較なしに安易に外国の方法を模倣すべきではない。また休浜法を肯定し、さらに改良策実行のため十州同盟を一層強化すべきであると主張している。同省分析係長オスカー・コルシェルト(独)は『日本海塩製造論』を報告し、その第一編で製塩の実態を設備・操作・経営面から調査分析、第二篇で改良意見をのべている。採鹹部門の改良意見としては塩池蒸散法（天日塩田で採鹹する）、傾斜塩田法（流下式塩田）と枝条架蒸散法を長期的改良方向とし、当面の改良としては塩田面の有効利用と作業に機械力を用うることを説き、煎敖部門に対しては、長期的には洋式塩釜の導入、当面は石釜の釜と竈の改良・余熱利用をのべている。また彼は日本塩業全体の改良策として、全国塩業者をもって日本塩業会社を構成する理想も示している。コルシェルトは科学技術者として理想と現実をふまえた意見を報告したが、この理想の実現は塩専売制施行以後のこととなる。

しかし政府はこの提案によって改善努力を続けた。気象測候の計器を各地塩田主や製塩会社に配布し、一五年には三田尻浜・藤江浜に天日製塩の実験を委嘱し、同年に大日本水産会の設立、一六年勧業諮問会設置、水産博の開催、一七年神戸で塩業諮問会開催（これは休浜同盟の強化に終った）、一九年十州塩田組合会の組織（二〇年解散）、二〇年塩輸出（対朝鮮）税撤廃、二七年大師河原塩田に製塩試験場開設、主要産塩地に塩業気象報告員を置き、毎月一回水産調査所に報告をまとめさせた。

政府の動きに対して、十州塩田現場では大きな改良策はみられなかった。ただ改善に積極的であったのは井上甚太郎と野崎武吉郎が経営者的立場において、田窪藤平・甥九十郎が藤平流（宗方流）・田窪式と称する具体的な設備・作業の改善を実行～指導する程度にとどまった。十州以外では旧幕臣小野友五郎が明治二年から東京湾岸で枝条架法を実施し、これが山形念珠関村をはじめ鳥取・新潟などでも実施された。また幕臣田中鶴吉は明治五年からアメリカで天日製塩を経験し、一三年東京深川地先で二〇町歩の天日塩田を築造したが、暴風雨のため操業開始前に壊滅した。のち徳島・父島などでも試験～築造計画をしたが、実現しなかった。明治一二年には青森県浅虫で、弘前藩士の授産事業として温泉熱利用の採鹹が行なわれ、明治末には年産二四〇〇石の成果がみられた。

日清戦争は塩技改良機運を高めた。明治二八年清国への塩輸出のため奥健蔵・井上甚太郎を中国に派遣したが、清国塩業の優秀さを知り、国内塩業改善の必要を認識した。そのため二九年大日本塩業協会を設立した。三〇年には第二回水産博、水産諮問会が開かれ、併行して塩業協会第一回大会がもたれた。諮問会の建議により三一年塩業調査会（翌年より塩業調査所）が設けられ、調査所は松永と津田沼に製塩試験場を開設した。いっぽう農商務省技師奥建蔵は三二年欧米塩業を視察し、カナワ式蒸発装置とシラキュース式天日結晶法を導入試験の対象として取りあげた。いずれも燃費節減を目的としたものである。これらは在来塩田改良・傾斜塩田・洋式鉄釜試験とともに前掲二試験揚で試験研究された。しかし三六年の行政整理の結果、その経営は塩業組合と塩業協会に託された。

塩業界でも各種技法が次のように勃興した。

枝条架法	明治三〇年	島根県杵築	吉岡勘之助
同	三二年	福島県小名浜	平井太郎
布取り法	三三年	三重県黒部他	上地八兵衛
（日乾式採鹹法）		愛媛県三喜浜	丹沢六郎
流動塩田	二九年	味野野崎浜	岩松善次郎
同	三一頃	千葉県金谷・勝山	
同	三一頃	愛知県三谷・大塚	
天日結晶法	三〇年	多喜浜	小野友五郎

（即果塩田法）――――広島県忠海――吉原音五郎
井上式鋳鉄釜の発明――三〇年――的形浜――井上物兵衛
高田式鋳鉄釜の発明――――広島県――高田嘉吉
海水直煮大釜（三二六平方メートル）――二八年――小名浜――平井太郎
蒸気利用式機械――三二年――福岡――日下鉄字
蒸気利用海水直煮――――新潟県荒浜――岩松善次郎
同――三四年――長崎――小達与吉
コークス製造の余熱利用――三一～三四年――新居浜飯尾策一、三喜浜藤田達芳、広島県松永浜・中庄村、岡山県甲浦村

以上のような試験研究がみられたが、製塩の本場十州でも全域的な動きとはならなかった。

※参考引用文献―村上正祥「明治期における製塩技術」（『日本塩業大系』近世〔稿〕）

塩談11　塩に人生をかけた男

明治時代製塩に人生を賭けた男がいた。

小野友五郎（一八一七～九八）は常陸笠間藩士、長崎海軍伝習所第一期生、安政七年（一八六〇）咸臨丸アメリカ渡航の際の筆頭測量方（航海長）、幕臣となり軍艦頭取から勘定奉行となったが、慶応四年（一八六八）

入獄し主家御預けの身で明治二年から鉄道寮において、各地鉄道路線の測量を行ないながら、洋式製塩の事業を始めた。

明治二年（五三歳）行徳浜において枝条架製塩を実験し、翌三年千葉県松ヶ島に枝条架製塩所を建設し、明治九年には同県大堀に製塩所建設を開始し一二年第一期工事完成、一三年二月より操業を始めたが、同年一〇月の暴風雨によって設備一切が倒壊してしまった。翌年から再建に着手し一部稼動を始めた。明治一六年この大堀製塩所を視察したお雇外人オスカー・コルシェルトの報告によると、ここの枝条架は高さ一丈六尺（約四・八メートル）、巾八尺（約二・四メートル）、長さ二〇間（約四〇メートル）が三基あって、その生産能力は塩に換算して一九二〇石と推算されたが、実際は揚水人力ポンプの能力が著しく小さく、しかも操業日数が月平均二〇日、年産四八〇石であったという。といっても塩は出来たわけで、松ヶ島では従業員六人で年間五四〇円の純益をあげ、一四年の第二回産業博に大堀在庫の上製塩を出品し褒賞を受けている。

しかし、笠間藩士からの出資による大堀製塩所の、一三年の暴風被害は大きく、しかも一四年には東京の大火で居宅・貸家を全焼した。彼は深川に一八六四坪と二八九〇坪の土地をもっていたが、一四年以降火災をまぬがれた長屋や土地を手放し、一万余円にかえ、これの九〇パーセントを藩士らの出資金の支払いにあてなければならなかった。大堀の復旧費に使えたのは一〇〇〇円ほどであった。

結局彼の夢は天災と火災により挫折し、のちは一製塩改良技術者になってしまったのである。

小野友五郎が大堀で枝条架の建設をやっていたころ、深川の地先で、約二〇町歩を借りて、天日製塩のパイロット、ファームを建設中の男がいた。田中鶴吉である。

田中鶴吉は幕臣田中馬之允の長男であるが、慶応三年（一八六七）オーストラリア～ハワイに渡り、さらに明治二年（一八六九）米国西海岸に移り、職を求めて転々とし、明治五年からサンフランシスコ湾のロックアイランドにあるユニオンソ、パシフィック製塩会社で、天日製塩に従事していた。明治一二年同地を訪れた前田喜代松をスポンサーとして、日本で天日製塩を実施することになった。明治一三年鶴吉は喜代松や木寺安敦らの出資によって、深川の天日塩田を築造していたのである。ところが明治一三年工事が完了し、これから試験操業という時に暴風におそわれ、塩田は壊滅した。大堀の被害と同時である。彼は大堀の友五郎を訪ねているが、同様の身であれば助けも得られなかった。

その後各地をまわって、天日法の有利性を説き出資者を求めて歩いた。ようやく徳島である郡長の好意を受け、小規模な天日塩田を作りかなりの成績をあげたようであるが、現地の塩業者には採用されなかった。一四年鶴吉は小笠原に渡り、試験塩田を操業しながら父島の奥村湾に一万坪の塩田築造計画を立てたが実現せず、明治一九年失意のうちに再びアメリカに渡った。のち信仰にこったりしているが遂に同地で死亡した。彼の生涯は壮士芝居に上演されたりした。

友五郎や鶴吉が海塩製造にこっていた同じ時期、岩塩を掘り当てようとしていた男がいた。黒部銑次郎である。

黒部銑次郎は徳島藩士、元治元年（一八六四）一八歳の時、藩の英学校でビッチェルの地理書を受講中に、Salt Mine の訳語「塩の鉱山」に興味をひかれた。まもなく彼は地名と伝説とを頼りに各地を放浪し、遂に塩水の涌出する信州の鹿塩（諏訪湖の南約五〇キロメートル、大鹿村）を知り、ここの山中で岩塩の鉱脈を掘り当てようとしたのである。同志工藤欣八と共に明治一八年から四三年まで二六年間、壙道を掘ったり、涌塩水を煮つめるなどの苦闘を続けた。しかしこの全期間に得た塩は〇・五トンにも満たなかった。

彼等の作業中明治四一年に大蔵省・農商務省・文部省の合同現地調査が行なわれ、結果は「岩塩床なし」であった。彼等はこれに反論して掘り続けたが、遂に四三年塩坑は廃止された。銑次郎は六六歳で生涯を終え、欣八も大正八年に死亡した。彼等の墓は旧鹿塩小学校裏の小高い所に並んで建てられているという。

地主＝問屋制経営形態はどのように形成されたか

入浜塩業独特の土地（塩田）所有と、商業（浜問屋）資本が結合した経営形態の成立を、赤穂塩田においてみよう。

維新後の塩業経営は、初期の労働争議、塩の直売などの一時的混乱と、明治五、六年のやや不況の時期を除いて、大きな変化はなく、むしろ一二～一四年は塩価の高騰で好況に恵まれるという状況であった。しかし一五年の風水害、松方デフレ政策の影響による不況は二〇年頃まで続いた。一九年の「兵庫県勧業報告」は、維新により塩業の統制・保護策が失われ、好況期において塩業者の生活も奢侈を極めたが、一四年からの毎年のような災害とデフレのため、塩価下落し業者一斉に困窮し、塩の捨売りや、先物取引をして借金をする。それはまた以後の塩相場に影響し、買いたたかれて塩価はますます安値となる。といっている。

このような一五～二一年の不況―特に一七～一八年は塩価大暴落―によって、赤穂では約一〇〇人の自作塩業者のうち、その半数が没落し、この塩田を、塩廻船によって蓄積した奥藤・高川・小川家などが集積した。二二年ころから不況は一時回復するが、二五～三一年―特に二七～二八年最困窮―再び不況を迎えた。この時期に奥藤家は三三軒前の塩田地主となっている。
この再度の不況によって、赤穂塩田では、藩政期から続く地主も含めて、明治末年の自・小作数は次のようになった。

	自作数	小作数	小作率
東　浜	一〇人	八八人	九〇パーセント
西　浜	四五人	二一二人	八三パーセント

このうち一五町歩以上所有する地主は、柴原・奥藤・小川・高川・田淵の五家で、これがすべて浜問屋を兼業した。

塩田分解と小作増加は、地主・小作関係を変質させ、藩政期のような恩情的関係を払拭し、厳重な小作証文による小作契約を結ぶようになった。契約の内容は全く地主本位であり、小作信認金と請人を要請し、小作料は生産額の約二一パーセント、公課・組合費・事務費なども小作人負担、製塩諸器具・建物・塩田地盤並びに堤防修繕費も小作人負担、又小作も勿論禁止など厳しい義務条項がもられていた。

明治二五年頃から塩田大地主は、土地集積と製塩資金前貸しのための銀行を創設した。高川の坂越銀行（二五年創立）、柴原の赤穂商業銀行（二九年）、奥藤の奥藤銀行（三〇年）寺田の赤穂産業銀行（三一年）、田淵の永信銀行（三二年）がそれである。

さらに彼等の浜問屋経営部門は、浜野屋（柴原食塩合名会社）—柴原、川口屋—田淵、小川合名会社—小川、東浜食塩販売所—高川、奥屋—奥藤などの名称で続いた。しかも彼等は地主として塩業組合の惣代・事務所長などを兼任した。

赤穂における塩業組合としては、二二年に赤穂製塩同業組合が創設され、各町村にその事務所が置かれた。塩業者は自・小作を問わず加入したが、その目的・組織などは、天保二～三年の浜業取締りの条々、すなわち領主の塩業支配の諸規定を基底として、問屋・地主が領主権力を代行する形で、製塩業者の相互扶助・生産規制・労働者支配を法的に強化させたといえるようなものであった。したがって組合は問屋＝地主の御用組合であり、問屋は組合員の生産塩の一手販売人として、他に製塩を売ることを禁じ、さらに労働者への給料としての飯米・製塩燃料（石灰）、俵装材料など一切の資材の卸元となり、また労働者に対する雇傭～勤務なども厳しく指示した。問屋＝地主は、塩業者を藩政期そのままに支配できるような組合であったといえる。

かくて問屋＝地主は、小作塩業者を小作契約で支配し、組合員としてその配下にある自作・小作塩業者の生産塩すべての集荷販売人となり、その価格差を収益とし、製塩に必要な生産資材のすべての卸売り業を兼ねて口銭を収得したのである。さらに塩業者の操業資金の前貸し金を、自己の銀行から融通することによって塩業者の抵抗～組織よりの離脱を完全に圧し去ったのである。

このような地主制と問屋制をからめた塩業の独特な経営形態が、明治三〇年代に成立した。しかも基本的にはこの形態のまま専売制下に入っていったのである。

十州休浜同盟は明治二三年まで続いた

休浜を実行するための十州同盟の集会は、維新期にも中絶せず、明治元年から毎年一回は開催された。四、五年には再強化論が出て七年の丸亀、八年の赤穂集会は盛会で、ひとまずその基盤は確立した。赤穂集会の結果塩の清国輸出の請願が行なわれたが、「日清通商章程」のため受け入れられなかった。この請願運動の底には保護規制派（主流―防・長・芸・備）と自主改良派（反主流―讃岐浜・古浜＝百姓浜）の二派があった。

集会は一〇年頃から低調となり、ために秋良貞臣は十州塩田勧業会社を創立して、同盟の近代化と、その組織によって国家権力の公的承認をえようと発案したが、一三年の集会においても実現せず、設立願書も内務省に保留のままとなった。しかし政府も十州会の実情を理解し、塩業対策の必要性に気付いたようで、「……互ニ申合規則ヲ維持スヘシ」と口達し、一三年には書記官の広島出張を内示し、この機に臨時集会の開催を示唆した。書記官臨席の休浜集会は同盟と国家権力との抱合を暗示するものであり、一四年の集会も官庁の保護のもとに行なわれ、これ以降再び参会も多くなった。またこの頃から十州会は外塩輸入の防止も目標に掲げるようになり、一方塩業改良、生産費原価の低減に努力する方向もあらわれた。また農商務省の塩田調査・指導に対応して、一六年には塩業諮問会を設け、一七年には十州塩田同業会を発足させ、地方ブロック同業会もでき、ここに十州塩田の再統一が成功した。

明治一七、一八年の同盟強化派の運動と政府の保護政策が結実して、一七年農商務省の特達をみるに至った。この特別保護令の内容は、創立を特に認可した同業会を、十州塩田組合と改称し、規約を改正してさらにその基礎を鞏固にすること、そのため⑴十州の塩業者は全員組合に加入せよ、⑵製塩事業は年内六ヶ月に限る、⑶取り締りのため本部を置き、各地適宜の場所に支部を置くこと、であった。文字通り三八式休浜同盟の確立であった。

これで保護規制派は大いに喜んだが、自主改良派を分離させることとなった。一九年から自主改良派の動きは讃岐を中心に活潑化する。二〇年には讃岐の一部で休業期間中に操業し、採塩停止の判決をみる「東讃事件」を起こし、また二一年の本部臨時会では、政府の保護を辞退し、特達の取消しを乞うと決議した。

このような自主改良派の反対にあって、農商務省も路線の修正を迫られ、二二年特達を廃止することを公布した。それは(1)休浜期間の全域一律化は困難である、(2)現在の組合組織においては制限法を維持することが困難である、ということを十州塩田同盟本部が認識するにいたった結果、同盟本部から特達を廃止されたいと決議したことによるとある。かくて二派の紛議に終止符がうたれた。

休浜同盟は明治二三年五月の臨時会を最後として自然消滅した。宝暦・明和期から延々と続いた休浜同盟も崩壊した。自主改良派の、日本塩業の自立発展を世界資本主義との関連で考えていこうとする意見に、操業短縮＝休浜を強化して塩業を保守しようとした保護規制派が破れたわけである。

なお、日清戦争が起こると、全国塩業者は宮島で会合して大日本塩業同盟会を組織したが、清国への塩輸出が不可能であることを知り、国内塩業の改善の必要を認識し、戦争終結とともに同盟会を解散し、二九年塩業改善を目的とする大日本塩業協会を設立した。

＊参考引用文献―太田健一「明治期における休浜同盟」(『日本塩業大系』近代〔稿〕)

塩専売制実施とその賛否

明治三一年、塩業調査会を招集した農商務大臣大石正巳が、塩業改良方策樹立のため専売制実施も差支えないと講演し、またこの会議最終日に同省技師奥建蔵も、塩業改良等の観点から専売制の必要を説いた。三二年の塩業大会で、大阪塩問屋代表塩川菊松も、奥とほぼ同じ見地から実施の建議案を出し、多喜浜塩業者藤田達芳は塩田国有論を述べた。また同年五月から台湾に於て台湾食塩専売規則が実施され、三三年には台湾塩の輸入も始まった。

三四年に大日本塩業協会第五次総会で専売制調査方針が具体化し、協会内に塩業制度調査特別委員会が設けられた。

三五年ごろから大蔵省内にも財政専売（収益専売）への方向が兆しはじめた。

三六年、塩業制度調査特別委員会は協会第六次総会に中間報告の形で、塩業保護論的な民営専売論を提出した。また農商務省技師下啓介は公益専売論的な発想を述べた。

三七年三月、第二〇回帝国議会において、日露戦争の戦費予算の財源の一部にするため、塩消費税を含む非常特別税法案が提出されたが、貴族院議員で大日本塩業協会長をつとめる村田保は、専売制実施の必要性を説いた。これに対し曽弥荒助蔵相は次期国会に塩専売制法案を提出する旨答弁した。また塩業協会は塩消費税に反対し専売制を求める建議を提出した。同年一〇月に大蔵省起案の塩専売法が閣議に提出され、さらに専売権の内容を明確となるよう修正して一一月議会に提出され、一二月三一日裁可、公布された。

三八年六月一日より塩専売法が施行された。

三七年ごろから塩専売賛成・反対論が活潑化した。

東京塩問屋・塩商人層は第二〇議会のあと、塩専売反対同盟会を結成し、専売制反対、消費税は戦時財源としてやむを得ぬとした。塩問屋としては、塩仕入れにおいて商才を発揮し利益を得る機会が、公定価格で仕入れた塩を仲買・小売商に販売するのみでは利潤を得る機会が半減する。しかも問屋は製塩業者に前貸して、生産塩を安く買収し、金利と資金を回収するという問屋制前貸の妙味が失われる。専売実施は前貸金利を得られるとしても、買入塩価の操作はできない。要するに塩を対象とした投機的利益を追求する機会が縮小する。また専売収益を付加することで、塩価が二・五倍になることは、問屋の運転資金の増大ともなる。また塩仲買・小売商にとっても、塩問屋ほどではないにしても同様な打撃を受けることとなる。以上のような反対理由からであった。

製塩業者・塩田地主は、内地塩業が維持でき、外来塩の圧力による製塩者間の過当競争を避けることができる。また専売制によって製塩者は塩市場から完全に隔離され、極端な利益を得る機会は失うが、生産塩の売れ残りや価格の暴落による損失をこうむることはなくなり、収益の保証された安定企業となる。専売制は塩業保護政策と受けとめられたわけである。以上のような理由で賛成の立場に立った。

消費者側は、塩価が上昇するわけであるから、専売制には当然反対側に立った。当時の新聞・雑誌の論調は一般的に、塩専売は、国民に対する人頭税的な不公平課税である、国民の生活費を上昇させるというものであった。

塩田小作人や塩田労働者は、専売制に直接関係はなかったが、実施以後に反対的抵抗をみせている。赤穂塩田の例をあげると―三八年専売施行と同時に、従来の慣行であった「飯つぎ塩」の禁止が申し渡され、釜焚・浜男が弁当を入れる飯櫃一杯（一升二合入）の塩を毎日持帰ることができなくなった。そこで彼等は専売制に対して「今まで行なってきた塩の秤量や俵装作業は、専売制に違反する恐れがあるから、その仕事は一切返上する。出来た塩には一切手を触れない」と抵抗し、頭を代表として交渉を続け、約一ヶ月ののち「飯つぎ塩」にみあう賃上げを勝ち取ったようである。

四一年には小作人の小作地返還が続出している。その理由は、当時小作は賠償価格が低いことと塩田の生産性が低いため、塩業は永く続ける産業ではないと考えていたのであるが、小作人達が公課負担と天災のための塩田修理を、地主に要望したが、地主は了承せず、賠償価格もあがらないということからであった。

＊参考引用文献—三和良一「塩専売法の製定」（『日本塩業大系』近代〈稿〉）

施行当初の塩専売制度

専売実施のためには、まず塩生産量を確保する必要がある。明治四一年の生産量は約一〇億斤（約六〇万トン約三六〇万石）であり、そのうち約九五パーセントが食用塩であった。このことは塩需要の安定を意味するわけで、政府はこれに対して国内生産を考えればよく、気象条件による生産変動や、食用以外の需要に対しては移・輸入塩量を調節すればよかったのである。

従って、その当初においては、在来塩業者の生産をすべて許可しても過剰生産とはならなかった。かくて政府の生産許可は、まず専売前よりの生産者⑴、専売施行時の生産者⑵、それ以降の生産希望者⑶という段階で許可した。⑴段階の許可の結果、塩総生産量は一四億斤（約八四万トン＝約五〇四万石）となったが、これは最大生産量であるから、⑵⑶段階もすべて許可したようである。但し翌三九年九月からは製造許可制限—生産力調整策が展開する。

生産塩は製造者の自家用塩を除く全量を政府が収納し、賠償金を支払った。納付は各地収納取扱所へ製造者（代理人で可）が、運搬経費自弁で搬入する。取扱所のない所は指定引渡し（現物売買の方法）となるが、この分は約四・六パーセント（三八年）であった。

賠償価格（政府が製塩者に支払う代金）は「生産費に相当利益ヲ見込タル額」としたが、実際には三四～三六年の浜相場の平均を根拠とし、物価騰貴などを勘案して算出し、これを、基準とする四等塩の賠償価格とした。勿論収納塩は品質に応じて一～五の等級を設け、それに応じた価格を設定した。

賠償価格は全国一三の賠償区を定め、それぞれの区の生産費に応じて八段階とし、十州地域が最底、高知区域が最高であった。従って地域別・等級別の価格構成が賠償価格の基本となったわけである。

政府の売渡し価格は、収納塩の賠償価格に、一〇〇斤（約六〇キログラム）につき一円四八銭を加えた価格で、買受人に売り渡した。売渡しは一口の売渡し高五〇〇〇斤（約三トン）以上としたため、買受人は事実上卸売商人となった。また収納所に滞貨しないように、あらかじめ従来の塩問屋を買受人に予定しておき、収納塩は直ちに予約買受人に売渡すという便法をとった。また買受人への売渡し価格は、地域別の賠償価格に、一律に一円四八銭を上乗せしたから、塩の産地及び等級によってその価格は異なった。

特定用途塩（醤油醸造用、ソーダ及び硫酸ソーダ製造用、晒粉製造用、石鹸製造用、肥料用、獣皮保存用、鉱業用、鮭・鱒・鱈・鯨・膃肭獣塩蔵用）は特例価格とした。すなわち一〇〇斤ごと賠償価格プラス一八銭とした。

移・輸入塩も政府の独占として、政府自身か政府の命を受けた者が取扱った。

台湾塩は、一手販売人に移入を取り扱わせ、神戸塩務局長が荷受人として買取る。価格は移入価格に専売収益率を加えた価格をやや上回った。

外塩は、輸入業者に輸入を請け負わせ、売渡し価格は、輸入価格プラス輸入税、専売収益率及び内地一等塩賠償価格の約二五パーセントにあたる増率を加算し、同品質の内地塩より高額とした。安価な台湾塩・外国塩の取扱いでは政府の利益は大きかった。

以上が実施当初の専売制の概略であるが、新制度には幾つかの難点が含まれていた。まず塩の小売価格の上昇である。専売前の浜相場平均が一升一銭三厘、小売平均価格が三銭三厘であったものが、一升当り二銭五厘の賠償金を加えて三銭八厘となり、これに塩商人が従来通りの口銭と輸送費を加えたようで、小売価格が一升七銭四厘と高騰しているということ。

これは塩流通の問題とも関連する。収納所から販売された塩は、産地塩問屋↓回送業者↓消費地問屋↓仲買人↓小売商と流れたわけで、これが塩価高騰原因の大きな部分を占めたであろうこと。

また、賠償価格の生産地域による相違は、賠償価格の高い地域の塩価に、低い地域の塩価も引きよせられて、塩価商騰の原因の一つともなるであろうし、賠償価格の高い塩は収納後の売行きも悪く、滞貨すれば専売収益のマイナスとなったであろうこと。

このような問題をかかえて出発した専売制は、実施翌年から修正を重ねていくこととなるのである。

＊参考引用文献―三和良一「塩専売制の実施」(『日本塩業大系』近代〔稿〕)

専売制度の改変

日露戦争が終ると、戦費捻出のための非常特別税は世論の反発を招くこととなり、塩専売法も激しい風当りを受けた。明治四〇年の第二三議会では塩専売法廃止法案が提出され、それは悪税中の悪税と批判された。これに対し政府は税法整理案審査会を設け、専売制についても審議を重ね、政府は現行制度改良論を討ち出し、さらに将来計画を示した。

この計画は、賠償価格の低減は行なわず、財政収益を目的とする専売制は維持する。ために消費者に対して安定塩価を維持する体制に改良するというもので、具体的には官費回送、元売捌人指定、元売捌人と小売人の利益制限、低生産力製塩地整理、消費者渡しの塩価の均一化を構想とした。

明治四一年には政府負担の一部の官費回送と、塩売捌人指定制が実施に移された。四三、四四年には一部の製塩地が整理されたうえ、大正二年一〇月に全額政府負担の官費回送と全国均一の売渡し価格が実現した。官費回送については、管外販売を行なっていた産地問屋に塩回送会社を組織させて、一種の政策として、運送を請負わせたのである。四四年には合計六社の会社ができ、大正八年にはそれらが合併して日本食塩回送株式会社となった。塩売捌人指定制は、収納塩→塩元売捌人→塩小売人→一般消費者という流通機構を基本的経路とした。塩商人の利潤については、塩元売捌人―売渡し価格の一〇〇分の五（営業利益一〇〇分の三、運送保管中の減量補償分一〇〇分の二）、塩小売人―売渡し価格の一〇〇分の三〇（営業利益一〇〇分の一二、減量補償分一〇〇分の一八）を取り分歩合の上限とした。

製塩地の整理は四三、四四年度に行なわれたが、対象は入浜塩田（九州一円と山口県が主）、揚浜塩田（能登の塗浜を除く全国の自然揚浜）、海水直煮法、鹹泉からの採塩であり、その製造許可高の合計は一億六〇〇〇万斤（約九万六〇〇〇トン約五七万六〇〇〇石）であった。この結果平均生産性は向上し、高い賠償が不要となった。

大正期における社会経済の発展は、さらに専売制度の改変を余儀なくすることとなる。ソーダ工業が発達すると、その原料としての塩の需要が増加し、安価な塩を要望するようになり、さらに第一次大戦の影響も現われ始めたため、政府は大正五年経済調査会を設け、専売制の改正を検討させた。同年調査会は安価なソーダ工業用塩を確保するため、製塩法の改良、副産物の採取と利用の奨励、輸入塩を安く供給する処置を講ずること、などの塩専売法の改正を答申した。大正七年ともなると、化学工業の発達や人口増加による塩需要増大のため、ともすれば供給不足を生じた。また一方生産面では大戦による物価・賃金の騰貴により生産費を上昇させた。これは当然賠償価格の引上げ、塩価騰貴となる。しかし日常必需品ということで小売価格は安定させなければならなかった。

かくて政府は、塩専売益金を七年当初は一〇〇〇万円と予定していたが、実際には二〇〇〇万円に減じ、専売収益を大幅に修正することになった。そのような実情から第四一議会では、塩専売制の廃止ないし公益主義（需給安定と安価供給）への方向転換をはかろうとする厳しい質問も出た。しかし政府は専売制継続の方針を変えず、改善作として供給価格の調節に努力し、売渡し価格は収納価格に回送費と保管費を加算した程度にすることとした。ここで塩専売は財政専売から公益専売に変身することとなったのである。因みに大正七、八年の益金は若干の損失となっている。

＊参考引用文献——三和良一、前掲論文

塩談12　鳶が舞ったら塩屋がもうかる

鰻を食うときは、養鰻池の上の空に鳶が飛んでいないか、確かめてからの方がいいですよ。と鰻料理のおやじがニタニタ笑いながら話してくれた。へぇー、そりゃまた何で？　養殖池の鰻が病気になると、池の表面に浮んでくる。すると鳶がそれを取りに来る。そんな時には病気の鰻がお客さんの口に入るかもしれねぇんだな。……そうなると元売さん（塩問屋）がもうかるんだよな。鰻の病気には塩が一番だそうだよ。

事実を旧専売公社中部支社に確かめてみた。

鰻の養殖は明治時代に始まり、東海地方を中心に四国・九州でもおこなわれるようになったが、養殖の集約化に伴い鰻の病気（鰓《エラ》腎炎）を増加させることになるが、この病気は、鰻の鰓に病害がおこり、血の循環が悪くなって、血液が濃縮され、血中の塩分量が極度に低下して起こるものという。そこで病気予防を兼ねて塩撒布治療法が行なわれているということであった。撒布の塩種としては溶解度が高い原塩が最も適しており、その量は養鰻池水一〇〇〇立方メートルに五～七トン。中部支社における撒布塩の需要は年に二四四三トン（昭和五七年）であった。

煎熬部門の産業革命―真空蒸発缶法の採用

昭和一一年「塩廉価供給方策」は、塩田の合同、年産一万トン以上の産塩組合（会社）は、真空式製塩装置を八ヶ年で完成せしめるという方策を示した。これによって現在一般に行なわれている真空蒸発缶による製塩法が普及した。

その方法は、鹹水を温水槽・元缶・真空缶に注入し、元缶と気缶に石炭を焚火する。発生した蒸気は蒸気溜に送ってその圧力を調整し、真空缶加熱室に導き、これを熱源として鹹水を加熱する。鹹水は推進機の回転によって上下に激しく運動しながら蒸発する。この蒸気は缶の頂部の配管から第一真空缶加熱室に導かれ、この缶内の鹹水を加熱し、ここで発生する蒸気は同様にして第三真空缶鹹水の熱源となり、ここで発生する水蒸気はジェット式凝気器に導かれ、凝結して排出される。各缶は加熱室によって互に相通じ、真空ポンプによって真空を構成し、その圧力に相当する温度で鹹水は沸騰し、濃縮されて塩を析出する。析出した塩は缶の下部にある集塩器に沈積するので、適時バルブを開いて缶外に取り出し、遠心分離機で脱水して包装室に送る。真空缶内の鹹水が減少すれば、元缶で濃縮されている熱鹹水を注入し、常に水深を一定にして製塩を継続する。鹹水の注入は各缶に並行的であり、熱源となる水蒸気は効用的に供給される。缶内鹹水の濃度が高くなりすぎると適当量を排出し、苦汁蒸発釜に送り、濃縮したあと苦汁タンクに貯蔵する（日本専売公

丸亀開墾塩業（昭和六年）	仁尾塩田（株）（昭和一〇年）	赤穂東浜塩業（組）（昭和一三年）
野崎事務所（株）（昭和一三年）	尾道塩業（組）（昭和一四年）	平生柳井塩業（組）（昭和一四年）
本斎田塩業（組）（昭和一四年）	撫養合同塩業（組）（昭和一四年）	伯田木浦塩業（組）（昭和一五年）
松永塩業（組）（昭和一五年）	波止浜塩業（組）（昭和一五年）	味野塩業（組）（昭和一六年）
戦後の建設〔会社・組合名の上の（　）は地方局名〕		
（大阪）西浜塩業（組）（昭和二三年）	（高松）西野塩田（株）（昭和二五年）	（大阪）丸大塩業（株）（昭和二五年）
（広島）小松塩業（協）（昭和二五年）	（高松）木田塩田（株）（昭和二五年）	坂出塩田工業（株）（昭和二五年）
託間合同製塩（株）（昭和二五年）	（高松）牟礼塩業（協）（昭和二六年）	（高松）松崎塩田（株）（昭和二六年）
坂出塩業（協）（昭和二六年）	林田塩産（株）（昭和二六年）	広島福川塩業（協）（昭和二七年）
（高松）生島塩業（株）（昭和二七年）	（高松）中讃塩業（協）（昭和二七年）	屋島塩業（協）（昭和二八年）
玉野塩業（協）（昭和二八年）	（広島）秋穂塩業（協）（昭和二八年）	（高松）扶桑塩業（協）（昭和二八年）
（高松）新興塩業（協）（昭和二八年）	高松塩業（協）（昭和二八年）	八木塩業（組）（昭和二九年）
大塩塩業（組）（昭和三〇年）	（熊本）高田塩業（組）（昭和三〇年）	

社『日本塩業史』）という方法である。

この方法は、当初イギリスにおいて製糖用に採用され、明治二〇年アメリカで製塩に使用して成功したもので、日本でも既に明治四二年に鈴木藤三郎がこの方法で製塩し、同じ頃磐城炭鉱の生駒東一らも小規模ながら行なっている。大正四年には三田尻試験場で二重効用缶を設置し、一四年まで改良を重ねて良質塩を採取することに成功した。

塩田製塩の真空式工場として日本に初めて登場したのが、昭和六年竣工した丸亀工場であり、製塩・品質ともに驚異的な実績をあげた。これによって「塩廉価供給方策」が考えられたわけであるが、一一年度には二ヶ所にすぎなかった真空工場が一五年度末には一二ヶ所に増加した。戦後は二三年の赤穂西浜工場に続いて三〇年までに二三工場が建設された。表示すると前頁の如くである。

以上の如く第二次大戦をはさんで、その前後に煎熬部門の産業革命は進行した。革命前の煎熬は、基本的には古代から続いた塩釜であり、近世の瀬戸内においては塩田一軒前に一釜が付設されており、昭和一一年度においても全製塩の九三パーセントが平釜であった。それが二六年には四パーセントとなったのである。それぞれの地域の塩業者が一ブロックとして一煎熬工場をもったわけである。

真空式に転換するに当って、在来の経験と熟練を尊ぶ釜焚きの肉体労働はもう必要ではなかった。この工場では工程の殆んどが装置によって自動的に運ばれ、三交替の労働者はただそれを監督し或いは操作するのみで、労働は知的なものとなった。しかも労働者数は、赤穂東浜塩田の場合単純計算すると、一八六名の釜焚夫が工場では八三名となり、所要燃料費は平釜煎熬の二分の一となったのである。

＊参考引用文献—日本専売公社『戦後日本塩業史』

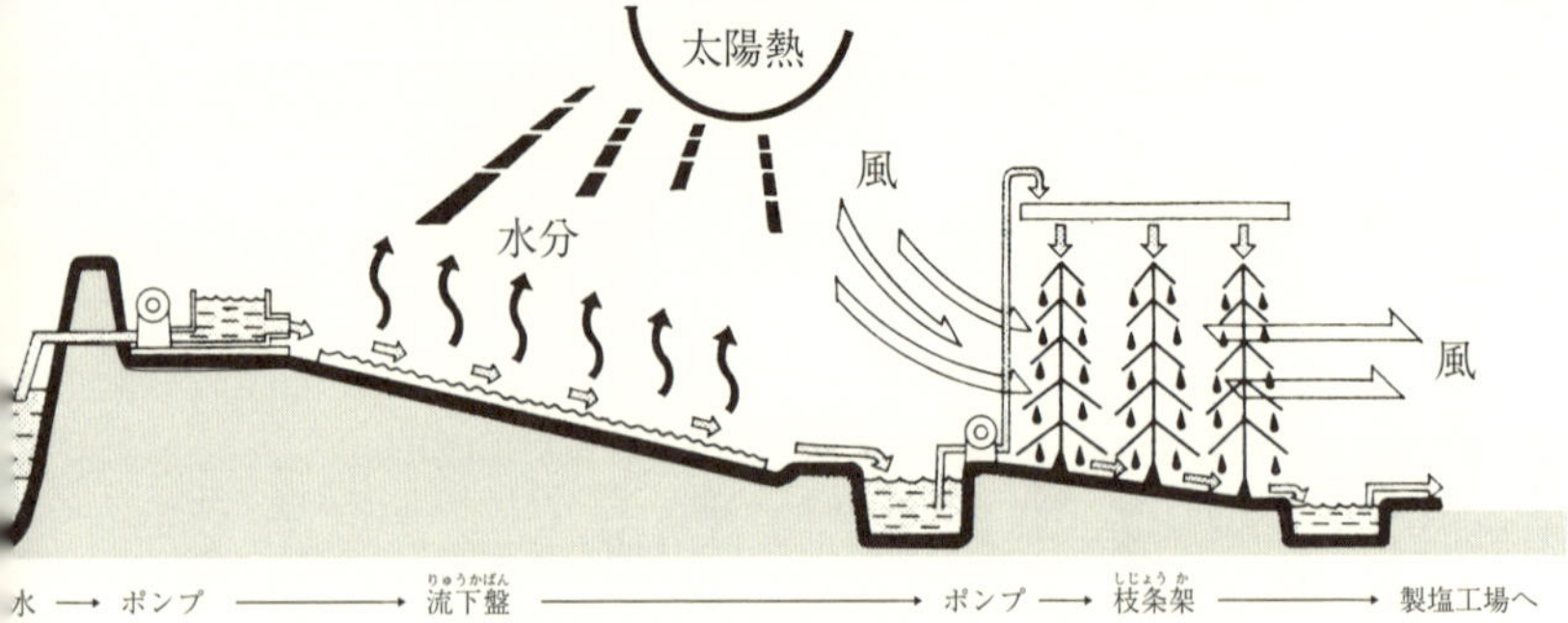

流下式塩田（半田昌之『塩のはなし』より）

採鹹部門の産業革命―流下式塩田への転換

昭和二七年頃における国内食塩需要量は年一〇〇万トン、国内生産量は約五〇万トンであった。このような食塩の供給不足と、外塩との価格差（当時輸入塩価格の二・四倍）、しかも国内生産価格の主要部分を人件費が占めていたことなどが、国内塩の増産（目標七〇万トン増）と入浜塩田の流下式転換という専売公社の計画となった。

流下式塩田とは、塩田一面に粘土を貼り不透水地盤となし、一五〜二〇メートル幅を約一〇〇分の一の緩勾配とし、粘土面上に小砕石を敷きつめ、ここに一日に一ヘクタール当り七〇〜一五〇キロリットルの割合で海水を流下させて濃縮する装置である。粘土はカオリン系の上質のものを良とした。小砕石は流下速度を緩め、偏流を防止するためである。海水は所定の濃度（五〜六度ボーメ）に達するまで、盤面を分けて二〜三回流下させる。流下盤のみでは煎熬適度の濃度（一五〜一六度ボーメ）に達しないので、立体濃縮装置すなわち枝条架を併設した。

枝条架とは、高さ五〜七メートル、幅八〜一〇メートル、長さ約一〇〇メートルに丸太を組み、これに猛宗竹の笹を左右に、両翼を張るような格好に取りつけ、これを五〜六段に組み合せたものであり、流下盤を回流させて五〜六度ボーメに濃縮された海水を、これの最上段のパイプから滴下させてさらに濃縮する装置である。枝条架の蒸発度は流下盤の三〜五倍である。流下盤は四〜五ヘクタールを一作業単位（一ブック）とし、一ブロックに枝条架は三〜四基構築するから、その長さ合計は三〇〇〜四〇〇メートルとなる。海水〜鹹水の流動はすべて電動ポンプによった。

流下盤からの蒸発は主として太陽熱によるから夏季に威力を発揮し、枝条架は主として風力（乾燥空気）によるため冬季に効率が高い。流下式は入浜塩田に比べて土地・労働の生産性は高かった。それのみでなく年間を通じてかなり平均的な生産を行なうことができた。

入浜塩田から流下式への転換は昭和二七年から始まり、三三年に殆んど完了した。

さきに真空工場による合同煎熬が始まったことによって、基本的には塩業者は自己の鹹水を工場へ売るという形に変ったのであるが、流下式への転換によって塩田の経営形態は大きく変った。一〜二ヘクタールを生産〜経営の単位としていた入浜塩田が、流下式になるとその単位を前述のように一ブロックとしたため、塩業者の所有塩田の境界はもちろん塩田個々の生産力差も考慮されないこととなった。こうした形態では収益配分が個別に算出できず、所有面積に応じて平等に配分されることになる。従って塩業者は生産工場（組合・会社）の株主兼地主的立場に立つこととなった（塩田は明らかに海水濃縮装置であり、農地ではなくなったわけで、組合・会社に塩田を小作させる形態とはいえない）。この場合元の小作人は地主に地代を払うのではなく、手を下すことなく組合（会社）から採鹹権使用料を受けとること（自作人収益の三〇〜五〇パーセント）となった。

労働も生産力も一変した。まず就労日数が、入浜塩田時代の約一一〇日であったものが、約二九〇日となり、各月間の採鹹日数も平均化し、労働者は副業を必要とせず採鹹労働のみで生活可能となった。実働面では農業的重労働でしかも熟練労働が、海水を管理するという工業的軽労働、単純労働となった。ただ機敏に天候の変化に対応できる能力は要求された。

労働力は、入浜塩田一ヘクタール当り約一〇名を要したものが、一ブロック（四〜一〇ヘクタール）当り三〜五名に減少した。しかも生産量は、入浜塩田一ヘクタール当り年間約一〇〇〜一三〇トンであったものが、同面積で三〇〇トン以上も生産できるようになり、昭和二七年の専売公社の国内塩の増産計画は完全に現実化したわけである。

また雇傭形態は、塩業経営者個人が雇傭していたものが、組合（会社）が雇傭する形に変り、一年雇傭制も永年雇傭制となり、その職場・職種も転換可能となり、在来の旦那・親方と奉公人という関係も全くなくなったのである。

現代の製塩―イオン交換樹脂膜法

全国の塩田が流下盤・枝条架法に転換した結果、昭和三四年度末には国内生産塩一一七万トンと有史以来の最多記録を生んだ。公社はそれを見越して、すでに三二年に生産調整のための塩業整備案と、生産費切り下げの検討を始めている。

流下式採鹹は生産量を増加させたのであるが、まだ広大な土地を必要とし、かなりの労働力も必要とした。従って地代部分と労賃部分が生産コストの主要部分を占め、しかも工業化したとはいえ、生産が天候に左右されるという原始性も払拭されてはいなかった。ここにイオン交換樹脂膜による採鹹法への転換が考えられることとなるのである。

その転換というのは、在来の採鹹が海水を濃縮することを基本とし、海水中の水分九七パーセントの約九〇パーセントを除去（蒸発させる）する方法であったのに対して、イオン膜を使って、海水中の三パーセントの塩分と約七パーセントの水を掬い取るという方法に転換することであった。因みに塩分三パーセントというのは、日本近海の海水中に含まれる塩類の概数であり、このうちの七八パーセントがNaClである。

イオン法の原理を『塩の話あれこれ』（日本専売公社編）によって記しておこう。

海水中にある塩は、Na原子が陽電気を、Cl原子が陰電気をもっている。またこのような電気をもった原子をイオンという。従ってNaは陽イオン、Clは陰イオンである。

イオン交換膜は、陰陽二種類あって、陽イオン交換膜は陽イオンは通過させるが、陰イオンは通さないという性質をもち、陰イオン交換膜はその反対の性質をもっている。

そこで陰陽の交換膜を交互に並べてセットした小室を作り、中へ海水を入れ、両端に陰陽の電極を挿入して、直流電気を通すと、陽イオンは陰極へ、陰イオンは陽極へ引きつけられ、それぞれ移動を始める。しかしその中間には陰陽の交換膜が交互にあって、その活動の関所となるため、一つおきの室に陰陽のイオンが多く集まり（濃縮室）、次の室では、両方のイオンが少なくなる（稀釈室）現象が起こる。

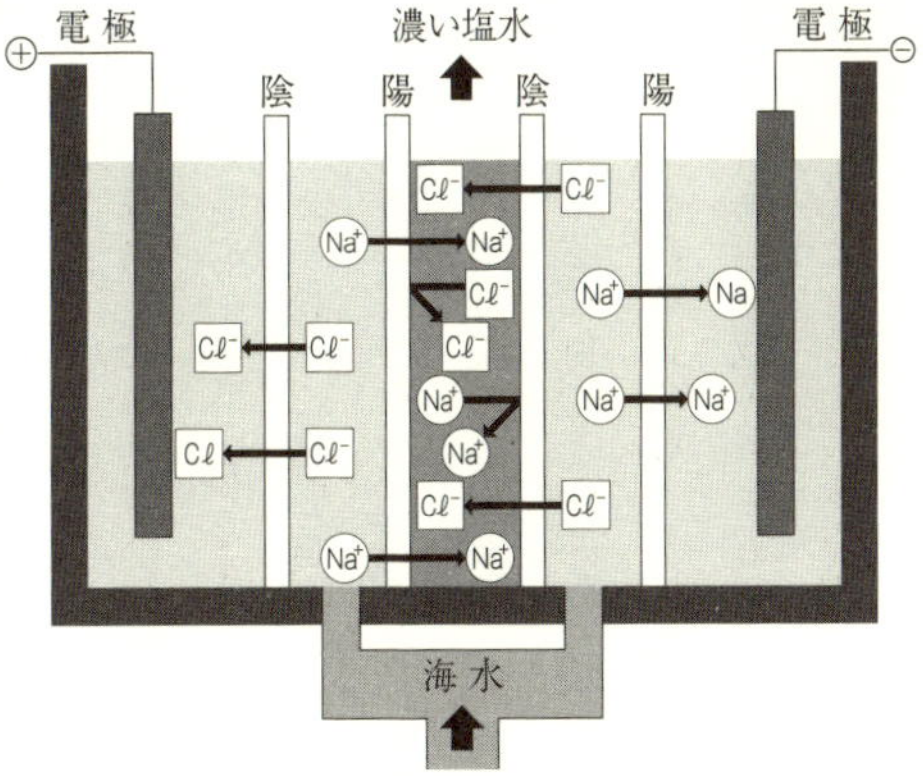

イオン交換法（半田昌之『塩の話より』）

海水をこの原理に基づいて連続分解させると、濃縮室にはNa（陽イオン）とCl（陰イオン）が集まって濃い塩水（鹹水）ができ、稀釈室では両イオンがそれぞれ両側の濃縮室へ出て行くので塩分は薄くなる。このように膜を通して電流によってイオンを移動させることを電気透析というが、イオン交換膜を使用して鹹水をとるのが、イオン交換膜法なのである。

この方式には、陰陽の両膜を袋状に張り合せて槽の中に挿入する水槽型と、両膜を交互に並べて枠で締めつける締付型とがあり、現在では前者は徳山ソーダ・旭ガラスで、後者は旭化成で、それぞれ工業化している。

この方式で取った鹹水ももちろん真空式蒸発缶で製塩するのである。イオン法は海水濃縮装置というよりも海塩採取装置ともいえるものである。

イオン法を入浜塩田・流下式塩田と比較してみよう。

○気象条件の影響は殆んど受けない。

○広大な塩田を必要としない。イオン・煎熬二工場は一ヘクタールほどの面積で可能。

○大規模生産を行なうことが容易である。

○立地条件に制約されることが少ない。しかし海水の濃度が高く、汚れの少ない海から採水できる所が有利である。

○煎熬に適度な鹹水を、年間を通じてコンスタントに生産することができる。

○生産コスト・生産性を比較すると次のようになる（赤穂海水工業株式会社提供）。

労働生産性

昭和一四年	入浜	一、〇〇〇トン当り	一一〇人
昭和三七年	流下式	一、〇〇〇トン当り	九人
昭和六三年	イオン法	一、〇〇〇トン当り	〇・八人

土地生産性

昭和一四年	入浜	一ヘクタール当り	一二四トン
昭和三七年	流下式	一ヘクタール当り	二〇一トン
昭和六三年	イオン法	一ヘクタール当り（工場全敷地面積）	一五万トン

附章　塩業用語さまざま

おのころ島

「伊邪那岐命・伊邪那美命……天の浮橋に立たし……沼矛をさし下ろし……塩こおろこおろにかき鳴らし……矛の末より垂り落つる塩、累なり積もりて島となりき、これおのころ島なり」、国生み神話である。弥生～古墳期の海水濃縮には海藻が用いられ、これを干して塩の結晶が付くと、浜の一部に設置されている海水を入れた粘土槽に投入し、混ぜ、押さえ、踏みなどして塩分を溶出させた。使用済みの藻は再び浜に干されたが、一三度ボーメ以上の濃縮海水が岩や砂の上に落ちると、海水中の硫酸カルシウム（石膏）が塩よりも先に結晶して、岩や石の上では亀の甲羅のように凝固し、砂は塊となる。一〇年も濃縮作業が同じ場所でくり返えされると、一五糎ほど堆積する。この現象は当時の人々に国土生成神話のモチーフとなりえたであろう。この神話は海藻利用の製塩—弥生中期の土器製塩の工程を如尖に示してもいるのである。

しほつちのおぢ＝塩筒老翁

記の「塩椎神」、紀の「塩土老翁」・「塩筒老翁」は同一人物であろうが、この翁は塩筒の老翁として、塩に関する技法をもつ人物であろう。万葉集に山上憶良が「痛き瘡に塩を灌ぎ……痛き瘡には鹹塩を灌くちふが如く」（八九七）とのべ、また「机の島の小螺……を辛塩にこごと揉み……」（三八八〇）とあり、宇津保物語に「九重をいかでわけけんしほづつの　からき袂の口惜しき身は」と詠まれ、当時は筒（竹筒）に液状塩を入れ、運搬され薬用・調味に用いられたことがわかるが、塩筒老翁はこのような鹹水の生産ないし流通に関係した人物と思われ、神話時代の塩の存在形態の一つを推定できるのである。

応神紀の製塩

応神紀三一年条に、廃船「枯野」を燃料として五〇〇篭の塩を作ったとある。船長は一〇丈とあるから約三〇メートル、この船材の重量を算出すると約一二七八貫となる。一篭の容量は延喜式によると「命婦以下六百篭、三百篭各納三斗、三百篭各納二斗とあって、三斗は現在の一斗三升八合、二斗は九升二合、一斗は四升六合となるようであるが、ここでは一篭最少の一斗（四升六合）として推算してみると、五〇〇竈で五〇〇斗、現在量で二三石となる。すなわち燃料一二七八貫で二三石の塩を得たこととなる。明治末の松原塩田の記録によると、薪二三貫で二〇度ボーメの鹹水を煎熬して塩五斗六升を得ている。これから推定すると、二三石の塩を生産するためには、同ボーメの鹹水を用いると薪九四五貫で可能である。また一二七八貫の薪では三一石生産できることとなる。燃料ロスがあったとしてもかなりの濃度の鹹水が作られていたと考えなければならない。また船材が燃料とされるためには、かなり大形の竈と釜が使用されたと推走しなければならない。

白塩

仁徳紀三八年条に、「……牡鹿、牡鹿に謂りて曰はく、『吾、今夜夢みらく、白霜多に降りて、我が身をば覆ふと。是、何の祥ぞ』といふ。牝鹿答へて曰はく、『汝出行かむときに、必ず人の為に射られて死なむ。即ち白塩を以て其の身に塗られむこと、霜の素きが如くならむ応なり』といふ。……未及昧爽に、猟人有りて、牡鹿を射て殺しつ。」とあるが、射殺された牡鹿の肉を白く覆うほど多量に白塩を塗ったということは、白塩は白色で細粒状の塩で、しかも庶民も容易に入手できたことを示す話である。海藻で海水を濃縮して煮詰めて得た塩、さらにそれを焼いた堅塩は紫がかった茶色であり、塩は海水直煮製塩か、砂浜を利用して濃縮しなければ白くならない。従って仁徳紀の段階では塩尻法か塩浜法が行なわれ、しかも大量に生産されていたように思われる。古墳中期には海水濃縮の媒体が藻から砂に変わったと推定されるのである。

詛い忘れた塩

武烈即位前紀に、平群真鳥は国政をほしいままにし、ために大伴金村に一族を誅殺されるが、真鳥は死に際して「広く塩を指して詛ふ……詛ふときに唯だ角鹿の海塩を忘れて、以て詛ふことを阿為さざりしかば、是に由て角鹿の塩は天皇の所食とす。余海の塩は天皇の為に所忌也」とある。この話は、仁徳頃からの製塩法の変化が武烈頃に一般化していく過程に成立したもののようで、すなわち海藻による濃縮＝採鹹から砂による採鹹へ、土器製塩から塩釜煎熬へ、紫茶色の堅塩から白色の細粒状塩へ変化したように推測されるのである。また武烈頃＝古墳後期は統一権力の衰退期と考えられるが、この段階では古い権威維持の一手段―守旧政策として、塩に新製品が現われても、これには詛いがかかっているからと、古い堅塊を大王が使用することを平群誅伐の事件に託して語られたように思われるのである。

藻塩焼く

藻塩垂る、藻塩焼く、藻塩木などの用語は、海藻を製塩に使った時代に発生した語のように考えられ、古来まことしやかな解釈がなされている。しかし万葉集では「塩焼く」が一二首にみられるが「藻塩焼く」はただ一首にみられるのみで、延喜頃まではその状態が続き、三一首に「塩焼く」、四首に「藻塩焼く」が使われており、延喜を経過すると、平安末までで「塩○○」が八首、「藻塩○○」が三○首となる。塩を詠み込んだ歌で「藻塩○○」が流行するのは、海藻利用の製塩が殆ど姿を消して塩浜法が一般化する平安中期（一○世紀）からである。従って「藻」あるいは「も」は作歌の語呂すなわち五音にするために、塩に藻（も）を付けたものであることがわかる。「藻塩○○」は藻による製塩をあらわす語でも、また南西諸島の「む（ま）しう」＝結晶塩、「うしう」＝海潮からきた用語でもないようである。

塩釜

濃縮された海水（鹹水）を煮詰めて生塩を得ることから、釜が発見されず、製塩土器が大量に出土することから、土器が鹹水を煮詰めた器とされている。しかし径五～六尺の煎塩鉄釜が存在した時代、生塩生産の土釜あるいは石釜がなかったとは考えられない。姫路市的形の海岳寺縁起に「僧行基……塩焚釜を石と灰とにて造り奇々妙々たる、人の及ばざる処の製塩法を教へ給ふ」ともある。また近世瀬戸内では三○○○以上の石釜が使用され、赤穂でも三○○以上の石釜が使われていたにもかかわらず出土の報告は全くないのである。発見されないから無かったとはいえないであろう。製塩釜としては土釜、石釜の他に焼貝穀粉粘土釜＝貝釜、竹籠に石灰泥を塗り付けて固めた網代釜などがあり、殆ど吊釜であるが、石釜に底石を石柱または粘土柱で支える石脚灰粘土釜というものも伊勢湾岸にみられた。いずれかの釜が存在したと思われる。

塩こしの樋と潮汲車

干満差の大きな太平洋岸や瀬戸内海岸では、波浪を受ける防潮堤の出現は遅れる。こういう海浜での製塩は満潮時の波浪の影響を受けない高位の浜で行なわれ

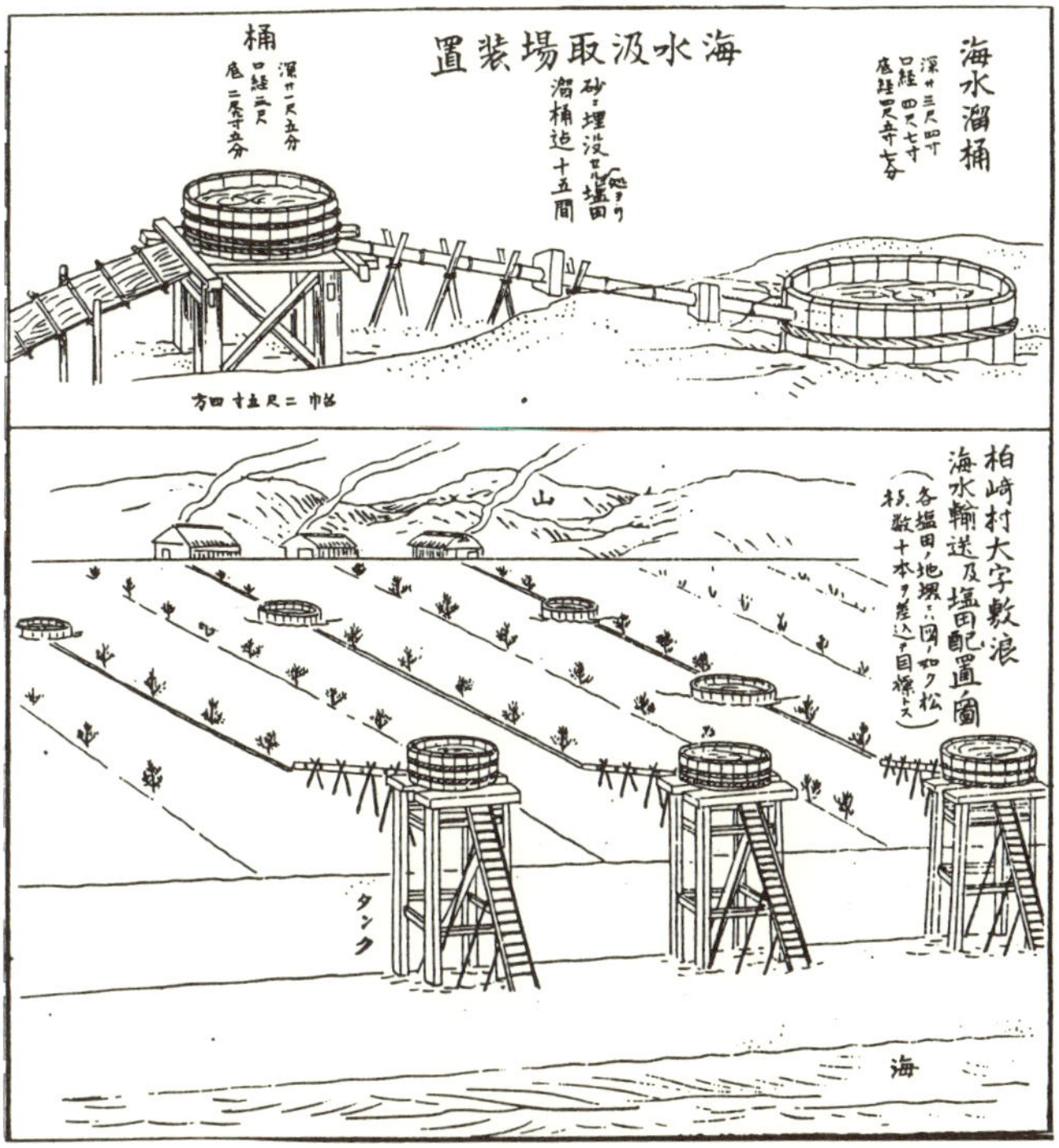

塩ごし桶（『大日本塩業全書』付随より）

塩汲車（『摂津名所図会』より）

た。汲潮浜というが、この浜では撤潮と鹹水溶出＝塩漉しのための潮汲みが大変で、干潮時には汀まで五〇〜一〇〇メートルも汲みに行かなければならない。斯様な塩浜で行なわれた海水汲み込み樋が「塩こし樋」と称されたのであろう。この語は平安末の「塩こしのかけ樋もうつす雪間よりいかでたくもの烟たつらん」（為忠五百首）他一首にあらわれるのみで、古代〜中世の製塩史料にはあらわれない。それと覚しき樋が石川県羽咋郡柏崎村にあり、塩業全書は次のような図を集録している。謡曲松風の「塩汲車」も同様に使われたであろうが、これも摂津名所図会に絵がみられるのみである。しかしこれは後世に「塩汲車」の語から想像して画いたものかもしれない。

菅家文草の塩

菅原道真が讃岐守時代に作ったと思われる「寒早十首」の中に次のような歌がある。

何れの人にか寒気早き　寒は早し塩を売る人　海を煮ること手に随ふとも　烟を衝きて身を顧みず　旱天は価の賤きを平にす　風土は商を貧しからしめず　訴へまく欲りす豪民の攉しきこと　津頭に吏に謁すること頻なり

（塩を作って売る細民には寒さがはやくやってくる。製塩作業はなれているが、塩釜の煙にむせびながら身をすりへらす重労働である。日照が続くと塩価は下落し、それを買いたたく商人はもうけている。塩を買いそれを移出する土豪は強引である。悪徳土豪を訴えたいと思う。そういう土豪が港で役人にぺこぺこへつらっている）というような意味であろう。この頃の成立ともいわれる宇津保物語はそういう塩の小売を「これは店に女房居りて物売る……馬車に魚塩積みて持ち来り預どもよみ取りて棚にすえて売る」と述べている。

あまのまくかた

僧顕昭の「六百番陳状」が鎌倉初期の採鹹作業を述べている。陳状中の塩浜部分を作業順に組み直して並べてみよう。

塩干のかたと申すは塩の干満の所なり。……其の処に塩しみぬればすなごを、しほ干て後にとりて……すすぎあつめて、塩をたれとりて……塩かまにたれ入れて、塩をばやく……其の汐のみちひるかたをば田となづけて、よきあしきをわかちて、上田などというなり。皆各主の定まりて待るなり。砂をまたまきまきするゆえに、塩みなたれとられたるすなごを塩屋の辺に積み置きては霜もなし。汐のみちひるかたは、ほられたるようにて、砂とるべくもなくなれば、……蒔くなり。……其の塩たれたる後のすなごをばもとのかたにまきまきするを、あまのまくかたとは申す也。汐の干たるまにいそぎまくなり。……浜にしほやをたて、塩竈を塗りて、其前にて塩をば焼くなり。入浜塩田の原始的形態である。

田植草紙と閑吟集

室町時代に歌われた宴曲~早歌、朗詠、近江田楽・猿楽、大和田楽・猿楽の小謡の近江ぶし、大和ぶしの歌を集めたものの中の塩歌がかなり誠実に製塩作業を描写している。

おきのいそきわのあのしおはまは　あれこそあまのあまのしほはまよ　しほをやきかいてははまをほされた　ならせやはまのこすなを　ねうよりあのしらはまをみさいや（田植草紙朝歌二番）

浦は松葉をかきはじまりの　嵐ぞ今朝はとりかき聚めたる　松の葉はたかぬもけぶりなりける……塩屋のけぶりけぶりよ　立つ姿までしほがまの　しほにまよふた磯のほそ道　なにとなる身のはてやらん　塩により候かたし貝　塩くませ　あみひかせ　松の落葉かかせて　うきみほがす崎や波のよるひる　みぎわの波のよるの塩　月影ながらくまふよ　つれなく命ながらえて……いつまでくむべきぞあぢきなや（閑吟集、対象は汲潮浜か）

塩の名称と種類

『本草綱目啓蒙』によると、塩には次のような別名がある。食将・海霜・神液・帝味・海粉・沙老・殺将・答不足・喫底賤・蕃厘石などであるが、日本ではこれら別名は使われていない。生産ないし産出地、色彩などによる塩種としては、海塩・山塩・岩塩・石塩・崖塩・泉塩・井塩・池塩・黒塩・赤塩・青塩・紫塩・白塩・土塩などがあらわれる。古代文献には石塩・戎塩・堅塩・片塩・黒塩・春塩・擣塩・破塩・煎塩・熬塩・白塩・生塩・木塩・鹹塩・辛塩・藻塩・塩・妙塩などがみられ、中世以降に花明塩・花塩・飴塩・繖子塩・焼塩・真塩・古浜塩・差塩・鼠塩・戽先塩・泥塩・居出塩・釜立塩などの名称があらわれる。現代では再生塩・洗滌塩・自然塩・フレイク塩・輸入塩などの名称もあらわれている。

猿や膃肭臍《おっとせい》の塩漬

鳥獣の塩漬としては鹿・兎などのそれが『延喜式』にもみられるが、近世においては鶴・白鳥・雁鴨・雲雀・雉子などの塩蔵があらわれ、猪の鮓や膃肭臍の塩処理も記されている。しかし「鶴及ビ白鳥、雁鴨等モ亦其扱極テ多シ、然レトモ皆塩漬ニスルヨリ外ノ割調法ヲ精究セザルヲ以テ、美味ヲ失フコト少カラズ」（『経済要録』）といい、猿については『嬉遊笑覧』は「昔四谷の宿次に……猿を塩づけにして、いくつも〱引上て、其さま魚鳥をあつかへる様なり……昔とあれば……延宝・天和のころにもやありけん」と述べ、近世も初期のものであったようである。

塩による死体保存

仙台騒動の結果、宇和島預りの士一人が死し、これを塩漬とした（『塩俗問答集』）。「生類いたわりの事」により投獄され、獄中で死したものの屍を塩漬としたもの九人（『折たく柴の記』）。公儀から預った大名旗本らがその国で病死した節、検使到来まで塩漬で保存すべし（『公裁筆記』）。主殺・親殺・関所破・重謀計に対し右之分死骸塩詰之上御仕置此外は不及塩詰ニ事（『御定書百ケ条』）などがみられ、臼杵図書館所蔵の「切支丹史料」カキサキ・丹生等の信者文露の中「本人塩詰之者覚」には卯年七月より一二人、辰年二九人、巳年三二人、午年二七人、未年三月一一日迠八人と、年平均二九人の者が塩詰にされている。キリシタンでなくとも漂着身元不明の死骸、旅行中の死亡者なども遺族の身元確認まで塩詰にされ埋められている（赤穂廣度寺過去帳他）。

鹹水の濃度計

海水を濃縮した鹹水の濃度を知ることは製塩工程の重要な鍵であった。各地塩田では次のように伝えられている。

○舌頭味感による（小豆島）。○小形徳利に塞栓し糸を付けて、鹹水に浮沈せしめて測定する（同前）。○やかりの貝殻を取り、その身を投入し水面に浮上すれば比重一八度（赤穂・小豆島）。○飯粒を口に含み、投入して浮かぶものは鹹水、沈下すれば二番水とする（赤穂）。○煮た大豆を飯粒同様に使用する（能登）。○鹹砂をみて判断したが、砂が乾燥し固まっている場合は濃度は高かった（能登）。○竹筒に蓮の実を入れてゴラあるいは浮ダメシを作り、筒に鹹水を汲み取り、蓮実が浮上すると一五度以上（鹿児島）。○蓮実と同様に松脂の玉を使う（沖縄）。〇長さ一五糎ほどの角棒下部に鉛錘をはめ込み、各浜独自の比重計を作った（松永）。
〇桃の実を蓮実と同様に使用した（青森）。

塩価と塩売りの符丁

塩一升（一九一〇グラム）の値段は生産地では、瀬戸内で五～六文、東海・江戸で約一〇文、三陸海岸で約一五文、日本海岸・土佐で約一〇文、薩摩で約七文であった。これが内陸部へ入ると、振り売りで、二里で二倍、三里で三倍といわれた。管見の及ぶところ、最高は甲府で幕末に四〇〇文、一関藩は移入専売をやって約三〇〇文、米沢藩では約一二〇文であった。この藩では湧出する塩泉を煮詰めて製塩したが、燃料を無償とすると一升一一〇文ほどで生産でき、これを町場へ持って行くと一升で一〇文ほどもうかった。米と塩の交換比も区々であるが、ほぼ米一に塩六～八程度であった。薩摩では米一塩一の記録があった。

赤穂塩田から内陸部へ振り売りに出る塩商人は、塩価に次のような符丁を使った。

一＝だい　二＝ね　三＝やま　四＝よ　五＝まん　六＝たけ　七＝き　八＝や　九＝きわ　一〇＝だい

上荷舟（うわにぶね）

塩田の水尾を動いて、塩・石炭などを運んだ艀である。舟長は約三丈三尺、幅は八尺ほど。浅い水尾を行き来する特別な構造となっていた。舷が三段となり、下からコカジキ、ナカダナ、ウエダナと組上げ、下舟張りを二ケ所、舟張りを四ケ所作って強靱とし、それにコカジを付け下敷のコーラを厚くした。舟具は、櫓、荷棹、ねば取り（泥取り熊手＝海底の泥土を取る。長さ一尺の四本刄、柄長さ＝一丈五尺）、柄長鍬（刄板幅一尺、長さ一尺八寸、柄長さ一丈五尺五寸）、碇（樫の木に碇石（砂岩）を錘として括ったもの）。新造すると石印改をした。数十個の溜め石合せて一〇〇〇貫を荷場に積み、沈んだ舷の屹水線に「改」の焼印を舳先と艫に押して、積載量を確認する目印とした。一〇〇〇貫は塩二五石である。別に上行き上荷という七〇石積み（俗称はぎつけ・ひとみつき）と五〇石積み（俗称ぼうず）という大坂行上荷船もあった。

塩廻船

瀬戸内で発達した弁才船であるが、樽廻船などの一二～三年使った中古船が、塩輸送に使われたものである。船の特長は、水押が一本水押で、船底材＝航に

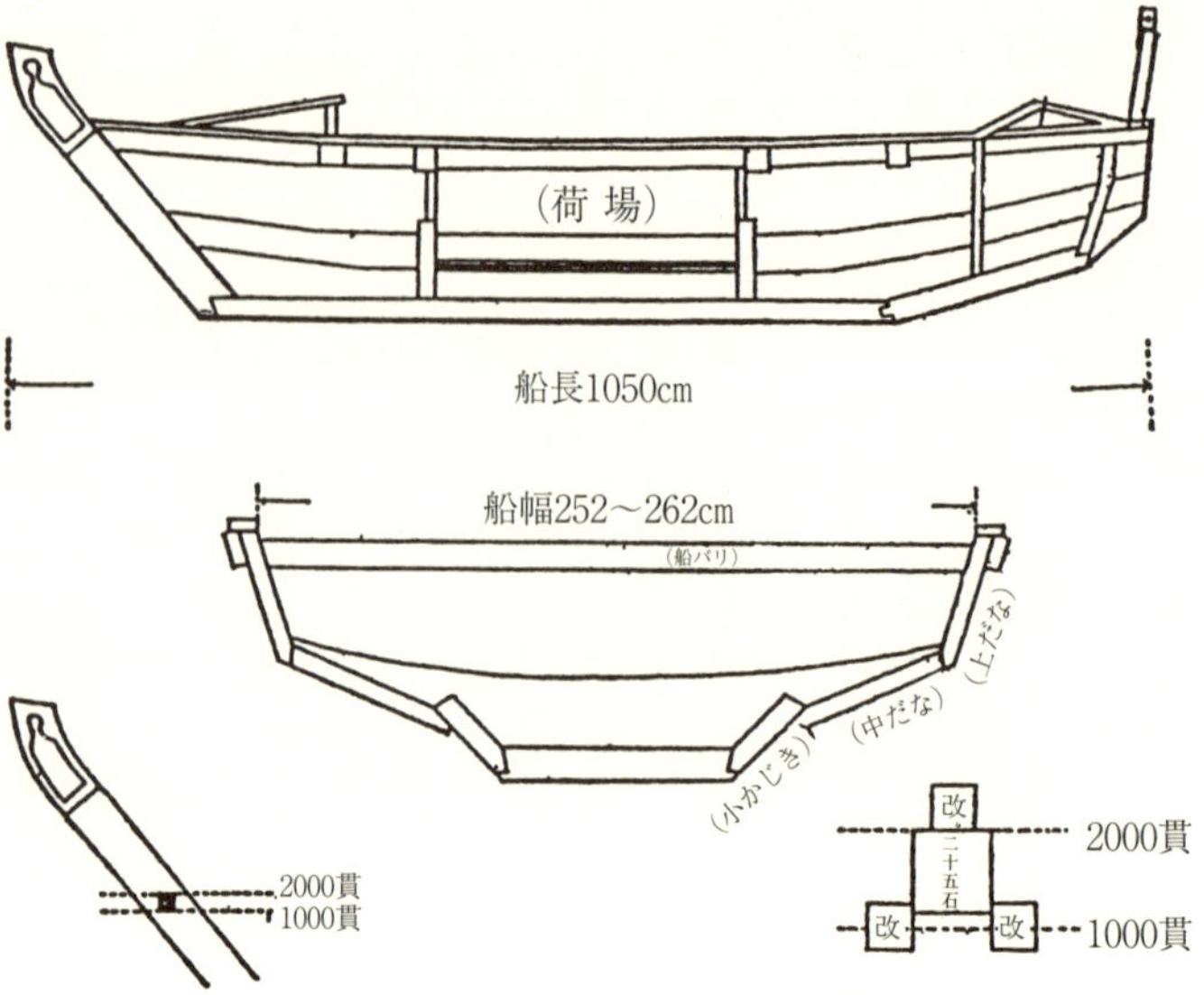

上荷舟側面・断面図

幅の広い松の厚板を用い、松の加敷（根敷）、松または杉の中棚、同材の上棚を組み合せ、内側から多くの船梁を入れ三階造とする。龍骨のない板船（大板）構造の船である。近世前期は一〇〇ないし五〇〇石積の小形船であったが、後期には一〇〇〇ないし二〇〇〇石の大船となった。建造費は一〇〇〇石積で約一〇〇〇両、五〇〇石で約五〇〇両（天保頃）であった。耐用年数は新造から約二〇年、六～七年で惣のみ打、一一～一二年で中作事、腐等の繕、釘抜替、増釘などの修理を行ない、一八～二〇年で乗り納めとした。積石数は航の長さ×腰当幅×腰当深さ÷一〇で、帆は一〇〇〇石で二五反帆、二〇〇〇石で三二反帆といわれる（石井謙次『和船』Iによる）

沼井と台

塩田において鹹砂の塩分を溶出する装置を沼井または台というが、津屋崎・勝浦・三津浜・高田・牛窓・林田・宇多津・引田・松原・潟元・土庄などは台といい、鏡・平生・瀬戸田・郷東・指宿などでは沼井といった。これは其処の塩田の原形の違いからきた名称のようである。台は入浜系の塩尻法ないし古式入浜で使用され、塩田面の冠潮をさけて、田面より二・五～三尺高い台上に造った装置（鹿児島荒田では「鹹砂浸出装置ハこむ《ん》ト称シ台《で》ノ上ニ存在ス」の名称が消えて単に台と称するようになったもの）のようで、沼井は揚浜系の汲潮浜において、満潮・波浪に影響されない高位に枯土槽を造り、ここに海水を入れ、鹹砂を掻き込んで塩分を洗い取る方式の溶出装置を指す名称のようである。那珂港沢田遺跡の沼井はその代表的なものであろう。従ってこの名称によってその塩田の発生からの系譜が推定できるようである。

アッケシ草

好塩草＝アッケシ草は、北海道厚岸湾岸に群生しているが、四国の詫間や多喜浜などでも牧野富太郎博士が発見して有名になった。海水の出入する砂地に生育する草であるから四国以外でも瀬戸内各塩業地で多く見られ、赤穂でも塩田の鹹水槽の周辺に多く繁っていた。この「ツチサンゴ」ともいわれる珊瑚のような草は、明治以降北海道へ回った塩廻船が、帰り船の干魚・材木などと共に吃水安定用に積みこんだ土砂の中に混じって、はるばる瀬戸内海までやってきて繁茂したものである。塩田がなくなるとともにその草も姿を消したようである。

塩田労働

昭和初年塩田労働に匹敵する労働は神戸・大阪では三倍の給料で買ってくれたと伝える。小学校四年ともなれば午後は藻垂れあげの労働に出て、夏のパンツ・シャツ・帽子は十日働いた給料一五銭で買っていた。

浜男の爬砂作業は重い万鍬を引いて、一日五里か六里を歩いた。当然マラソンは強くなった。「一粒三百メートルの」グリコの商標は坂出の浜子がモデルだとの話をきいた。

鹹砂を沼井に入れる際、力自慢の浜男は入れ鍬ですくって、これを約三メートル先の沼井に抛り込んだ。鹹砂の目方は米一俵の重さと同じであったという。

使用し終った骸砂を元の浜面に撒布するが、刃の長さ約九〇センチの刎木鍬で約七メートルも撒布した。この作業は熟練者でも、木刃で向う脛を切る場合があった。大正時代までの浜男はみな脛に傷をもっていた。

参考引用文献

大蔵省主税局編『大日本塩業全書』第一篇～第四篇
専売局編『塩業組織調査書』
日本専売公社編『日本塩業史』『戦後日本塩業史』
日本専売公社広報課編『塩の話あれこれ』
日本塩業研究会『日本塩業の研究』第一集～第一九集
塩業組合中央会刊『塩業時報』
日本専売公社編『日本塩業大系』―「史料編」（考古・古代中世・近世・近現代）全一二巻、「特論地理」、「特論民俗」、「原始・古代・中世（稿）」（近藤義郎・網野善彦・佐々木銀弥・新田英治・渡辺則文執筆）、「近世（稿）」（岡光夫・河手龍海・柴田一・末永国紀・高瀬保・林玲子・廣山堯道・吉永昭・渡辺則文執筆）、「代近（稿）」（有元正雄・伊丹正博・太田健一・尾坂登良・相良英輔・末永国紀・鈴木清・関口二郎・高瀬保・中井昭・二野瓶徳夫・三和良一・村上正祥・山口和雄・渡辺惇執筆）各一巻
河手龍海『日本塩業史』『近世日本塩業の研究』
渡辺則文『広島県塩業史』『日本塩業史研究』
廣山堯道『赤穂塩業史』『日本製塩技術史の研究』
岡　光夫『日本塩業のあゆみ』『村落産業の史的構造』
近藤義郎『土器製塩の研究』

重見之雄『瀬戸内塩田の経済地理学的研究』
児玉洋一『近世塩田の研究』
鶴本重美『日本食塩販売史』
三浦鶴治『日本食塩回送史』
香川県女子師範学校編『塩田研究』
豊田　武『増訂　中世日本商業史の研究』
土屋喬雄『封建社会崩壊過程の研究』
本庄栄治郎『日本社会経済史研究』
小野晃嗣『寺院経済史研究』
福尾猛一編『内海産業と水運の史的研究』
後藤陽一編『瀬戸内海地域の史的研究』
渡辺則文編『産業の発達と地域社会』
木村修一・足立己幸編『食塩』
澁澤敬三編『塩俗問答集』
時雨音羽『塩と民俗』
平島裕正『塩の道』『塩』
揖西光速『下総行徳塩業史』
森光繁編『波止浜塩業史』

石井亮吉『松永塩業史文化史の研究』
横山松翠『製塩業』
天野元敬『多喜浜汐田史』
松岡利夫編『防長塩業史料集』
福井県立図書館・福井県郷土誌懇談会共刊『若狭漁村史料』
谷口・多和・渡辺・有元・柴田・大田『備前児島野崎家の研究』
押木耿介『塩竈神社』
弘津栖鬼『平生塩業組合』
亀井千歩子『塩の民俗学』
半田昌之『塩のはなし』
藤井哲博『咸臨丸航海長小野友五郎の生涯』

【著者紹介】
廣山堯道（ひろやま　ぎょうどう）
1925 年兵庫県赤穂市に生まれる。
大正大学国文学科卒業。日本歴史学会・日本塩業研究会会員。
市立赤穂歴史博物館館長を務めた。
2006 年逝去。

〈主な著書〉
『赤穂塩業史』（共筆）、赤穂市、1968 年
『日本塩業大系』全 17 巻（共筆）、日本専売公社
『赤穂市史』（共筆）、赤穂市
『播州赤穂の城と町』（編著）、雄山閣、1982 年
『日本製塩技術史の研究』雄山閣、1983 年
ほか多数

平成 28 年 11 月 25 日 初版発行　《検印省略》

雄山閣《ゆうざんかく》アーカイブス 歴史篇《れきしへん》
塩《しお》の日本史《にほんし》

著　者　廣山堯道
発行者　宮田哲男
発行所　株式会社 雄山閣
〒102-0071　東京都千代田区富士見 2-6-9
電話 03-3262-3231㈹　FAX 03-3262-6938
http://www.yuzankaku.co.jp
E-mail　info@yuzankaku.co.jp
振替：00130-5-1685

印刷製本　株式会社ティーケー出版印刷

Printed in Japan 2016　ISBN978-4-639-02455-2　C0321
N.D.C.200　216p　19cm